베를린 도시설계

유럽형 도시설계를 향한 역사적 증거

Contents

베를린의 도시설계

베를린은 유럽 대륙의 중앙에 위치하고 있으며 전형적인 유럽풍 도시 설계의 표본이 되는 도시이다. 프라하, 비엔나와 같은 유럽의 여타 도시들과 마찬가지로 베를린은 복합적이면서도 유서 깊은 도시역사의 생산물이다. 유럽 대륙에서 수많은 전쟁들이 도시의 흥망을 좌우하며 도시발전에 긍정과 부정의 영향을 미쳤다. 베를린은 유럽의 여타 도시들보다 전쟁의 영향을 더 많이 받았고 깊게 관련되어 발전하였다.

통일 이후 독일을 대표하는 도시로 수도 베를린이라는 도시적 지위를 회복하였음에도 불구하고, 베를린의 위상은 독일이 유럽에서 차지하는 영향력에 비하여 그리 높지 않으며 유럽의 주요 국가의 수도(런던, 파리, 프라하 그리고 비엔나)와 비교하여 역사적 전통성이 부족한 수도로 평가받고 있는 것이 사실이다.

베를린은 파리, 런던 같은 유럽의 대표적 메트로폴과 마찬가지로 중세시대부터 도시가 태동하고 발전하여 국가의 정치지배 세력의 영향이 도시 발전의 역사 흐름에 깊게 남아 있다는 공통점이 있으나, 다른 메트로폴과 차별되는 베를린만이 가지고 있는 독특한 특별함이 있다.

그 특별함이란 베를린의 도시계획 및 도시설계이다. 베를린은 도시계획 및 도시설계 학계 분야에서 세계의 거대(巨大) 임대주택의 도시로 각인되어 있다. 유럽의 강대국인 독일, 그 독일을 대표하는 수도의 이미지가 '세계의 거대 임대주택형 도시'라고 불리는 것은 결코 유쾌하지 않다. 이 유쾌하지 않은 도시의 이미지를 베를린이 갖게된 것은 20세기 초반 Werner Hegemann에 의해서 거대 임대주택의 도시로 불리면서부터 시작되었다.

이 책에서 베를린을 "세계의 거대 임대주택형 도시"로 바라보는 관점은 임대 주택이 갖는 부정적 이미지(가난하다, 소외되다, 비자립적이나)로 도시를 평가하려는 것이 아니다. 거대 도시자본에 의한 부르주아 중심의 도시계획이 아닌, 임대주택이 친서민 중심적으로 대중화를 이루며 어떻게 도시계획에 뿌리 깊게 자리 잡게 되었는지를 밝히고자 하는 관점에서 '거대 임대주택형 도시'로 베를린을 바라보고자 하는 것이다.

"거대 임대주택형 도시"라는 이미지는 19세기 말부터 20세기 후반의 1970년대까지 베를린의 도시계획에 커다란 영향을 미치며 수많은 논쟁의 중심이 되었다. 이러한 배경에서 20세기 베를린 도시계획의 역사는 베를린이 어떻게 세계의 거대 임대주택형 도시라는 이미지를 갖게 되었는지를 보여주는 역사적 증거라 할 수 있으며 임대주택 도시 구축에 대한 도시 계획적 해결 방안을 보여줄 수 있는 표본이라 할 수 있다.

페이지 4:
티어가르텐(Tiergarten)과 동베를린 도시풍경, 2009

페이지 6:
파괴와 재건 사이에 놓인 베를린, 2008

Photos by Philipp Meuser

1. 베를린 도시의 탄생

로마, 밀라노, 바로셀로나, 파리, 런던, 비엔나 그리고 프라하 같은 도시들은 로마제국시대에 이미 도시로 형성되었거나, 중세시대와 바로크 시대에 들어서야 비로소 도시로 발전된 중세시대의 역사가 담긴 도시들이다. 도시설계의 역사적 관점에서 이들 도시를 베를린과 비교하면 베를린은 중세시대의 역사가 담긴 도시라 평가할 수 없으며, 19세기와 20세기에 들어서야 유럽 도시의 역사에 들어난 도시라 할 수 있다. 베를린과 유사한 도시 역사를 지닌 19세기의 도시로 뽑을 수 있는 도시로는 헝가리의 수도인 부다페스트가 있다.

베를린은 원래 작은 농촌 마을이었다. 1237년에 도시로 승격되어 공식적으로 시장권을 획득하고 도시라 불릴 수 있게 되었다. 베를린은 두 개의 작은 도시(베를린과 쾰른(Coelln)) 로 구성되었고, 이 두 도시는 중세도시의 상징이라 할 수 있는 교회, 시장과 광장을 각각 가지고 있으며 경쟁하였지만 중세시대까지 이렇다 할 도시성장을 이루지 못하였으며 기념비적 건축물 건립 또한 전무한 여전히 시골의 작은 도시였다.

베를린과 쾰른(Coelln)이 도시라 칭할 수 있었던 것은 도시의 상징적인 건물인 중세 시대의 교회 "마리엔 교회와 니콜라 교회"였다. 현재 베를린의 중심부에 여전히 남아 있어 베를린이 중세시대의 두 개의 작은 도시로부터 기원되었음을 증명해주고 있다.

중세시대의 베를린이 규모와 위상 면에서 어떠했는지는 주변 도시들의 중세시대에 지어진 교회의 크기와 비교해 보면 알 수 있다. 두 도시의 교회는 중세시대의 베를린의 어머니 도시라 불린 브란덴부르크(Brandenburg)를 가로질러 흐르는 하펠강(Havel)의 강변에 세워진 교회들 보다 작은 규모이며, 브란덴부르크의 어머니 도시이며 베를린의 할머니 도시라 명할 수 있는 막데부르크(Magdeburg)의 돔(Dom)과 비교하면 훨씬 작은 규모이다. 당시에 베를린은 막데부르크와 브란덴부르크를 비교할 수 없는 작은 도시였지만 지금의 베를린은 막데부르크 및 브란덴부르크과 비교할 수 없는 거대도시로 성장하였다.

베를린이 유럽 정치권력의 중심지로 부상하게 된 시기는 30년 전쟁 후(1618-1648)이며, 프로이센 제국의 수도로 승격되면서 부터이다. 프로이센 왕국의 왕들은 다른 유럽 국가와의 경쟁에서 우위를 점하는 것은 곧 국가를 대표하는 도시, 즉 수도를 발전시키는 것이라 생각했다. 도시경쟁에서 우위를 점하기 위해 베를린의 서쪽에 성을 세우고 성을 중심으로 도시를 확장시키는 바로크식의 도시계획을 따라 수도 베를린을 건설하였다. 이 당시의 도시계획에 따라 도시가 확장되어 새롭게 건설된 도시구역이 도로텐슈타트(Dorotheenstadt)와 프리드리히슈타트(Friedrichstadt)이다. (이 두 도시는 현재 베를린시의 행정구역으로 편입되어 있음) 베를린 도시의 중심부에는 운터 덴 린덴(Unter den linden) 가로수 길을 조성하여 프로이센 왕국의 승전을 찬양하는 상징거리로, 프라흐트 거리(Prachtstrasse)는 프로이센 왕국의 절대왕권을 상징하는 거리로 새롭게 조성하였다. 이러한 발전에도 불구하고 베를린을 유럽 권력의 심장부인 파리 및 비엔나와 비교할 만큼의 프로이센 제국의 수도로 보기에는 여전히 초라하기 그지없었다.

파리, 비엔나 그리고 런던 같은 유럽의 전통 도시에 대한 베를린의 열등감은 이 당시의 베를린의 사회지배계층의 가슴 속에 팽배하게 자리 잡고 있었다. 지배계층 스스로조차 베를린의 모습에 만족하지 못하였다. 그들은 유럽의 다른 대도시에 비해 월등하게 아름답거나 우아하지도 않은 베를린의 모습을 수치스러워했다. 사회지배계층이 베를린을 바라보는 이러한 부정적 시선은 베를린의 도시계획에 상당한 영향을 주게 되고 20세기에 들어서 베를린은 급격한 도시변화를 겪게 된다.

2. 베를린 거대도시가 되다

산업혁명은 독일역사에 유래를 찾아볼 수 없는 경제 호황을 가져왔으며, 그 중심에 베를린이 있었다. 이 시기(1871-1918)에 들어서 베를린은 제국의 수도로써의 면모를 갖추게 되고 현재의 베를린의 모습이 담긴 도시설계적 구조(Stadtebauliche Struktur)가 구축되었다. 19세기의 베를린은 유럽 대륙 최대의 공업도시였으며 기계·전기산업과 화학산업의 발전은 베를린을 거대도시로 성장시키는 중추적 역할을 한다.

경제 발전으로 베를린 인구는 급격하게 상승하게 된다. 1786년에 14만 7천 명에 불과하던 베를린 인구는 1840년에는 32만 9천 명으로, 1871년에는 93만 2천 명으로 증가하였으며, 1910년에는 3백 70만 명이 거주하는 거대도시가 되었다.

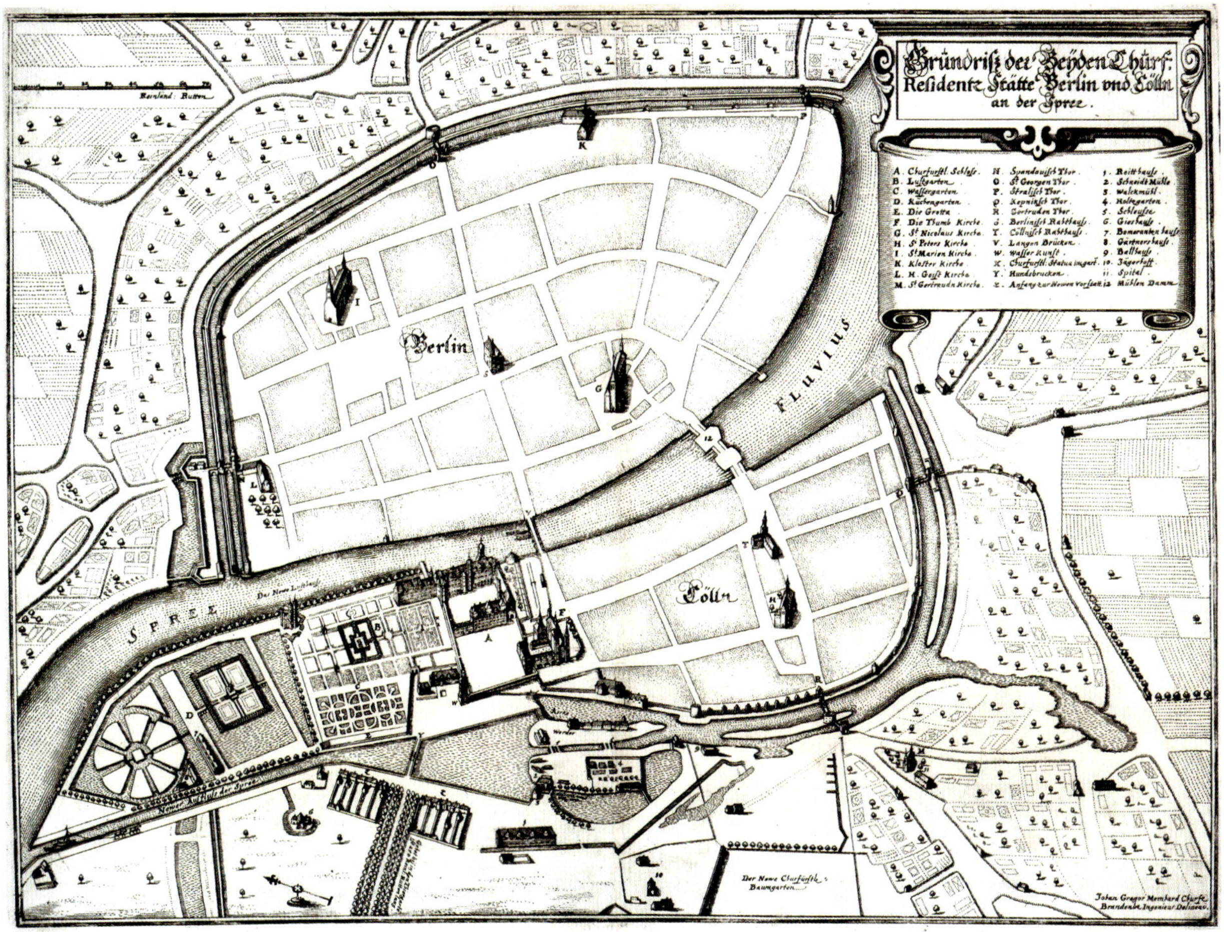

페이지 9:
옛 베를린 도시 지도, 1650년, 요한 그레고르 멤하르트(Johann Gregor Momhardt), 2009
: 30년 전쟁 후 베를린은 중세유럽시대의 도시형태를 보이고 있으며, 북쪽의 슈프리 섬에는 르네상스 형식의 성이 위치하고 있다.

Source: Staatsbibliothek zu Berlin – Preußischer Kulturbesitz, map department, as doc. in: Bodenschatz, Harald (ed.): Renaissance der Mitte. Zentrumsbau in London und Berlin, Berlin 2005, p. 169.

페이지 10/11:
옛 베를린 도시 지도, 1867년

Source: Die Bauwerke und Kunstdenkmäler von Berlin. Bezirk Kreuzberg. Karten und Pläne, ed. on behalf of the Senator für Bau und Wohnungswesen by Manfred Hecker, Berlin 1980, plan 24.

Humboldt's Hafen
Wilhelms-Ufer
Alexander-Ufer
Alsen Brücke
Bismark Str.
Königs-Platz
Krolls Etabl.
Museum Cornelius
Neue Charité
Luisen Platz
Thierarznei Institut
Caserne des 2ten Garde Rgm.
Marien-Strasse
Carls Pl.
Marschall-Brücke
Weidendam. Brücke
Eberts Brücke
Monbijou
Artillerie Caserne
Dorotheen-Strasse
Mittel-
Pariser Platz
Brandenburger Thor
Unter den Linden
Universität
Platz am Zeughause
Opern H.
Behren-
Französische K.
Gensdarmen-Markt
Jäger-
Tauben-
Mohren-
Kronen-
Neue K.
Leipziger Platz
Potsdamer Thor
Leipziger-
Dönhofs Platz
Zimmer-
Wilhelms-
Oranienburger
Ziegel-
Park

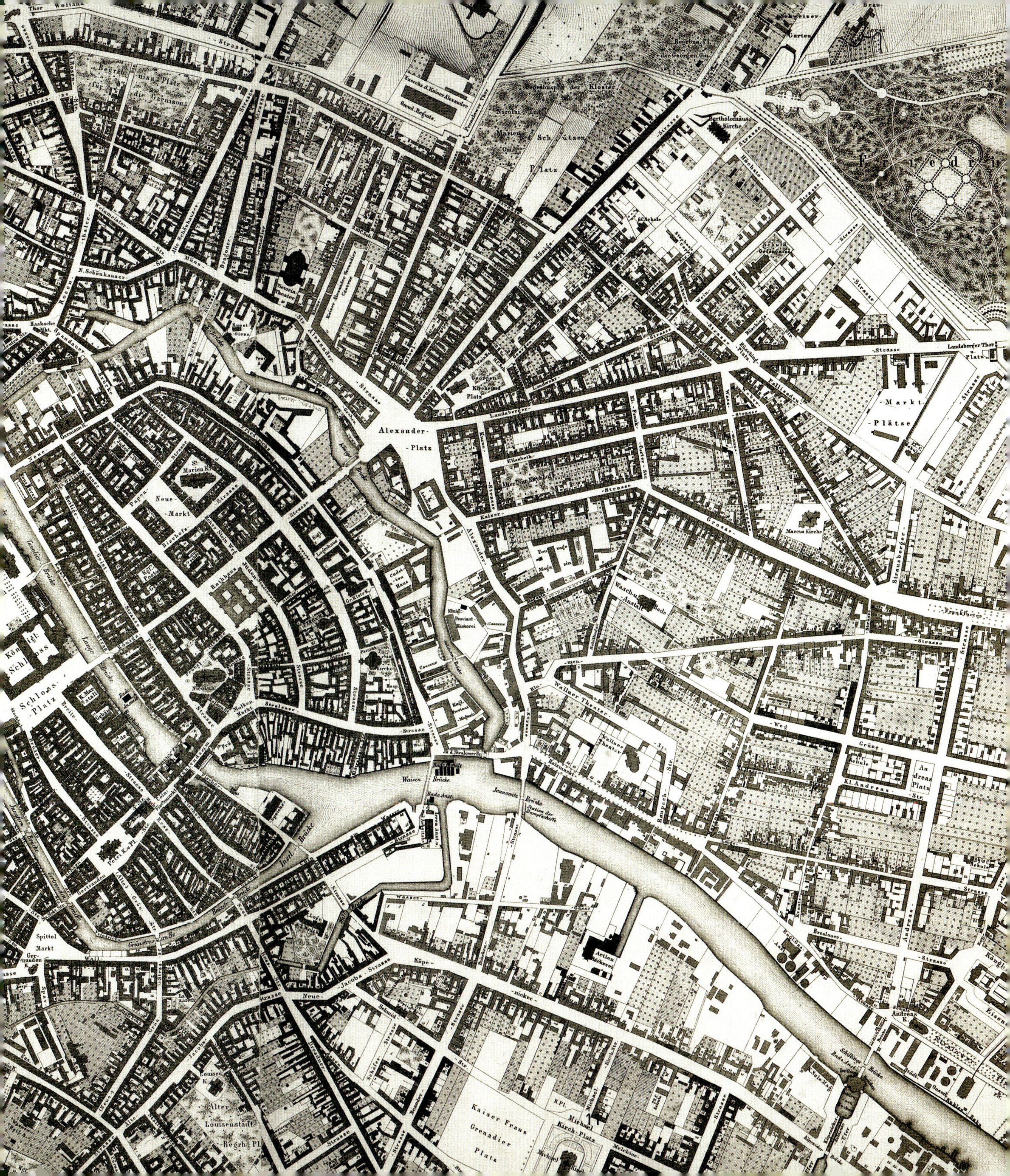
Alexander-Platz
Neue Markt
Schloss-Platz
Marcus Kirche
Landsberger Thor
Waisen Brücke
Jannowitz Brücke
Spittel Markt
Kaiser Franz Grenadier Platz
Kirch-Platz

프리드리히거리(Friedrichstrasse)의 기차역거리(Bahnhofstrasse) 모습 : 프리히드리거리는 기차역 "프리히드리거리", 운터 덴 린덴(Allee Unter den Linden), 라히프치히 거리(Leipziger Strasse)와 서로 연결된다.

Source: Berlin um 1900. Photographiert von Lucien Levy. Mit Beschreibungen von Herbert Kraft, edited by the Archiv für Kunst und Geschichte, Munich 1986, p. 49.

경제 성장은 전반적인 인구 성장과 함께 베를린의 도시 변화를 이끌었다. 베를린 도시탄생의 기원이 된 작은 두 도시(베를린과 쾰른)의 행정구역은 베를린의 중심지구가 되었고, 프로이센 왕국의 수도로 정해진 후 진행된 바로크식 도시계획으로 인해 새롭게 편입된 도로텐슈타트(Dorotheenstadt)와 북부지역에 위치한 프리드리히슈타트(Friedrichstadt)는 도시의 기능을 일부 담당하는 부도심의 역할을 하며 베를린의 도시확장을 이끌었다.

도시의 외형적 확대 속에서 중세시대에 형성된 구시가지에 대한 도시환경의 변화를 요구하는 압박의 목소리는 점점 더 커졌다. 새롭게 구축되는 신시가지와 비교하여 구시가지는 덜 미학적으로 보이고, 덜 건강하게 느껴졌으며, 자동차 중심의 새로운 교통수단에 적합하지 않은 도시구조를 가지고 있어 도시발전을 저해함으로 새롭게 개발되어야 한다는 견해가 지배적이었다.

이러한 견해는 여전히 도시적 열등감에 사로잡힌 당시의 지배계층의 가슴 속에 팽배하였고, 지배계층은 베를린이 제국의 수도에 상응하는 의미를 갖으며 제국의 파워를 과시할 수 있는 도시로 발전하기를 열망하였다. 그들은 파리와 비엔나를 이상적이고 모범적인 도시의 표본으로 삼았으며, 두 도시와 같이 베를린이 계획되고 발전하기를 원했다. 이러한 배경 안에서 지배계층의 절대적인 지지를 받은 건축가들은 웅장한 기념비적 건축물과 급진적인 도로망을 갖춘 구시가지 개발 계획안들을 쏟아냈다. 이 계획안들은 2차 세계 대전이 발발되기 전까지 베를린 도시계획의 논쟁의 중심에 놓이게 된다. 물론 이 당시에 발표된 상당수 계획안들은 현재까지도 실현되지 못하고 여전히 종이 위에 그려진 계획안으로 박물관에 소장되어 있다.

도시산업화가 도시확장과 성장을 이끌었지만 도시산업화 영향이 아직 미치지 못한 소외되고 낙후된 지역이 등장하게 된다. 그 대표적인 도시구역이 빌헬림니쉐 귈텔(Wihelimische Guertel) 구역이다. 이 구역은 베를린 중심지를 원 모양으로 둘러싸고 있는 듯 펼쳐져 있으며 고밀도 집약적 도시구조를 형성한다.

이 구역의 북부지역, 동부지역 그리고 남동부지역은 노동자 계급이 거주하는 지역이었고 남부지역, 서부지역 그리고 남서부지역은 부르주아 계급이 거주하는 지역으로 구분되었다. 빌헬림니쉐 귈텔과 같이 도심부를 원형으로 둘러싼 형태의 도시구역은 더 이상 개발되지 못하였고 베를린과 포츠담 사이에 놓인 남서부지역에 고급 빌라들로 채워진 새로운 도시구역이 건설된다. 도심지역과 달리 지리적 이점이 없는 베를린 교외지역은 산업시설물들이 건설되는 등 도시는 점점 더 과밀화 되어 갔지만 노동자들을 위한 주거단지 건설은 거의 계획되지 않았다.

거대도시 베를린을 향한 도시확장은 두 개의 사회적 계층간(부르주아 계급과 노동자 계급)의 극명한 대치를 이루며 각자의 계층적 삶의 공간을 형성하고 서로 간의 공간적 경계를 명확하게 확정하며 진행되었다. 이는 도시적 공간구성이 마치 계층 간의 투쟁의 양상으로 전개되는 듯 보였다.

라이프치히거리(Leipziger Strasse)와 프리드리히거리(Friedrichstrasse)의 교차로, 1907

Source: Landesbildstelle Berlin, as doc. in: AIV (ed.): Berlin und seine Bauten. Part I: Städtebau, Berlin 2009, p.

거대도시 베를린의 어두운 단면 하인리히 질레(Heinrich Zille)의 사진, 1896

Source: Flügge, Matthias: Heinrich Zille, Berlin/München 2008, p. 182, as doc. in: AIV (ed.): Berlin und seine Bauten. Part I: Städtebau, Berlin 2009, p. 34.

1차 세계대전 발발 직후까지 부르주아 계급의 고급빌라 주택들로만 계획된 도시구역들이 계속 개발되었다. 이로 인하여 부르주아 계급을 위한 도시구역이 점점 더 확장되었고, 이는 곧 노동자 계급의 주거지역인 빌헬림니쉐 귈텔의 전체 면적과 견줄 만큼 넓은 도시공간이 개발되었다.

이 당시의 계층 간의 빈부격차가 얼마나 심화되었는지를 보여주는 단편적인 증거가 거주공간의 양적(면적)·질적 차이에서 확인할 수 있다. 1905년 베를린 인구의 절반에 해당하는 1,088,269명이 방 하나의 공간에 최소 인원 3명에서 최대 13명이 살고 있는 등, 최악의 주거 환경 속에서 생활하는데 반하여, 부르주아 계급들은 자신의 재력을 뽐내듯 더 크고 웅장하게 고급빌라를 건축하였으며, 200평방미터 이상의 주거공간에 한 가구만 살거나 이보다 더 넓은 빌라를 지어서 여러 명의 하인을 거느리며 거주하기도 하였다.

당시의 주거환경의 사회적 격차와 도시 계획적 불평 등을 조장시킨 핵심적 세력들이 민간 부동산 개발자들이었다. 그들은 정치적 지배계층과 부르주아 계층의 가슴 속에 여전히 응어리져 있는 도시적 열등감을 부추기며 파리와 런던에 비하여 초라하게 보이는 베를린의 도시적 풍경을 변화시킬 수 있는 차별화된 제국의 도시를 건설할 수 있다는 명분을 내세우며 자신들의 탐욕을 채워나갔다. 이러한 현상은 비단 베를린에서만 야기된 것이 아니라 19세기 유럽의 다른 대도시의 도시발전과정에서도 별다른 차이 없이 나타난다.

대규모의 토지를 소유한 상류계층들은 중앙정부와 지방정부의 도시개발계획에 깊이 관여하여 자신들의 사욕을 채우는 방향으로 도시개발이 이루어지도록 영향력을 행사하였다. 이로 인하여 당시 건설된 상당수의 도시기반 공공서비스 시설들이 민간자본에 의해 건설되고 운영되었다. 베를린이 거대도시로 성장 및 확장되기 위한 전제조건이었던 도로망 건설 또한 이러한 민간자본이 투자하여 건설되었다.

도시계획의 표준과 질적 관점에서 보면 제국시대의 민간자본에 의한 도시계획이 도시 내의 사회적 공간의 질적 격차와 도시공간의 불평등한 분배를 야기하는 주요 원인이라는 것은 부인할 수 없는 사실이지만, 이러한 개발방식이 무조건적으로 비관적인 결과만 양산한 것은 아니다. 당시의 도시계획으로 인하여 다양한 도시 공간들이 베를린 곳곳에 개발되어 시민의 삶의 질 증진에 영향을 미친 점은 간과할 수 없는 긍정적인 성과이다.

다양한 도시 공간들 중에서 이목을 끄는 장소는 민간 부동산 개발자들에 의해 건설된 주거단지들이다. 당시에 건설된 주거단지들은 현재의 주거단지와 비교하면 공동공간 및 녹지공간이 현저하게 부족하게 계획되었음에도 불구하고 현재까지도 베를린 시민들이 가장 거주하고 싶은 인기있는 주거단지들로 뽑히고 있다.

1차 세계대전 전까지만 해도 베를린은 인접한 지역(당시에 베를린의 행정구역으로 미포함되었던 지역)의 지방정부들과 상호협력관계를 구축하지 못한 상태였다. 그러나 베를린이

1914년 거대도시 베를린. 베를린 중심부를 고밀도 집약적 도시구역들이 둘러싸고 있으며 중심부에서 뻗어나가는 도로망과 철도를 따라 고급 빌라 도시구역이 건설된다.

Source: Hofmeister, Burkhard et. al. (ed.): Berlin. Beiträge zur Geographie eines Großstadtraumes, Berlin 1985, p. 254.

Werder
Strasse.
Kur
Holzgarten Str.
Wasser
Strasse.
Schleuse.
A. Mühlengraben.
Neumann
Spree Str.
Friedrichs
Scharren
Adler
Str.
Rauleshof.
Leipziger
Str.
Ob.
Strasse.
Wasser
Str.
Kl. Jäger Str.
Strasse.
Niederwall
Alte
Kreuz
Kl. Kur
Str.
Jerusalemer
Jungfern-Br.
Gertraudten-Brücke.
Spittel-
Markt.
Strasse.
Strasse.
Wall
Seydel
Kom
Be

Spree
Mühlen
Strasse.
Strasse.
Fischer
A.d.Fischer
Durchgang.
Brücke.
Strasse.
Kölnische Str.
Köln. Fischmarkt
Ross
Petri
Str.
Platz.
Petri Kirche
Petri
Grün
Strasse
Schornsteinfeger Gasse.
Str. Gracht.
Ritter Gasse.
Strasse
Rossstr. Brücke
Neu Kölln
Ross
Friedrichs
Gracht.
Die
S p r e e
Graben
Strasse.
Strasse.

지속적으로 확장·발전되어짐에 따라 인근지역의 마을 게마인데(Gemeinde)를 포함한 소도시 및 지방정부와 새로운 도시설계의 질서를 구축할 필요성이 전문가 집단에서 제기되었다. '거대도시 베를린을 향한 새로운 도시질서 구축'이라는 거대한 도시설계의 담론 아래에서 베를린은 거대도시 베를린을 향한 도시개발의 열망을 들어내며 행정적 준비작업을 착수하며 이웃지역의 마을과 소도시들을 베를린의 행정구역으로 흡수 통합되게 한다. 이러한 결과로 인하여 베를린은 거대도시 베를린으로 불리며 당시 독일에서 가장 크고 현대적인 도시로 탄생하게 된다.

임대주택도시에 대한 비판적 상징이었던 중정의 모습(마이어 중정과 6개의 뒤뜰정원_der Meyer's Hof mit seinen sechs Hinerhoefen, 1910)

Source: Geist, Johann Friedrich/Kürvers, Klaus: Das Berliner Mietshaus. Vol. II: 1862–1945, Munich 1984, p. 65.

2.1 세계 최대의 임대주택도시 베를린

베를린은 세계 최대의 임대주택도시라고 회자되는 것은 엄연한 사실이다. 그렇다면 도시설계적 관점에서 하나의 도시가 임대주택도시라 명명될 수 있는 것은 과연 무엇을 의미하고 있는 것인가?

임대주택도시는 자연발생적으로 구축되지 않는다. 한 도시 전체가 임대주택도시로 구축되는 것은 인위적으로 계획된 사회적 산물일 수밖에 없다. 베를린이 임대주택도시로 변모하게 만든 초석을 다진 인물은 제임스 호브레흐트(James Hobrecht)이다. 19세기 중반 프로이센 제국 경찰청은 제임스 호브레흐트에게 베를린 도시 확장의 기반을 구축하기 위한 계획안을 의뢰한다. 이 계획안이 소위 호브레흐트 계획안으로 불리며 건축가와 도시설계가들에게 친숙한 근대적 도시설계안이다.

호브레흐트 계획이 작성될 당시의 유럽 상황은 주요 도시들의 보이지 않는 경쟁을 하며 새로운 도시를 향한 도시계획을 수립에 열중하던 중요한 시기였다. 1852년에는 오스만(Baron-Georges-Eugène Haussmann)에 의해 파리 재개발계획안이 수립되어 진행되었으며, 1858년에는 비엔나 내부순환도로를 건설하는 계획안이 착수되었고, 1859년도에는 일데폰스 세르다(Ildefons Cerdà)의 유명한 바르셀로나 도시계획안이 승인되었다.

파리와 비엔나의 도시계획안이 구도심의 재개발을 목적으로 수립되었다면 베를린의 호브레흐트 계획안과 바르셀로나의 세르다 계획안은 기존 도시의 확장을 위한 목적으로 수립된 총체적 도시 공간구조의 변화를 제시하는 도시계획적 관점의 토지이용 계획안이었다. 이 두 계획안이 가지고 있는 공통점은 도시계획안 수립의 주체가 대상도시의 지방자치단체, 즉 바로셀로나 시정부와 베를린 시정부가 아니라 중앙정부가 주도적으로 계획안을 수립하고 추진하였다는 점이다. 또 다른 공통점은 호브레흐트와 세르다의 직업은 전통적 관점에서 바라볼 때 건축가가 아닌 엔지니어였다는 점이다.

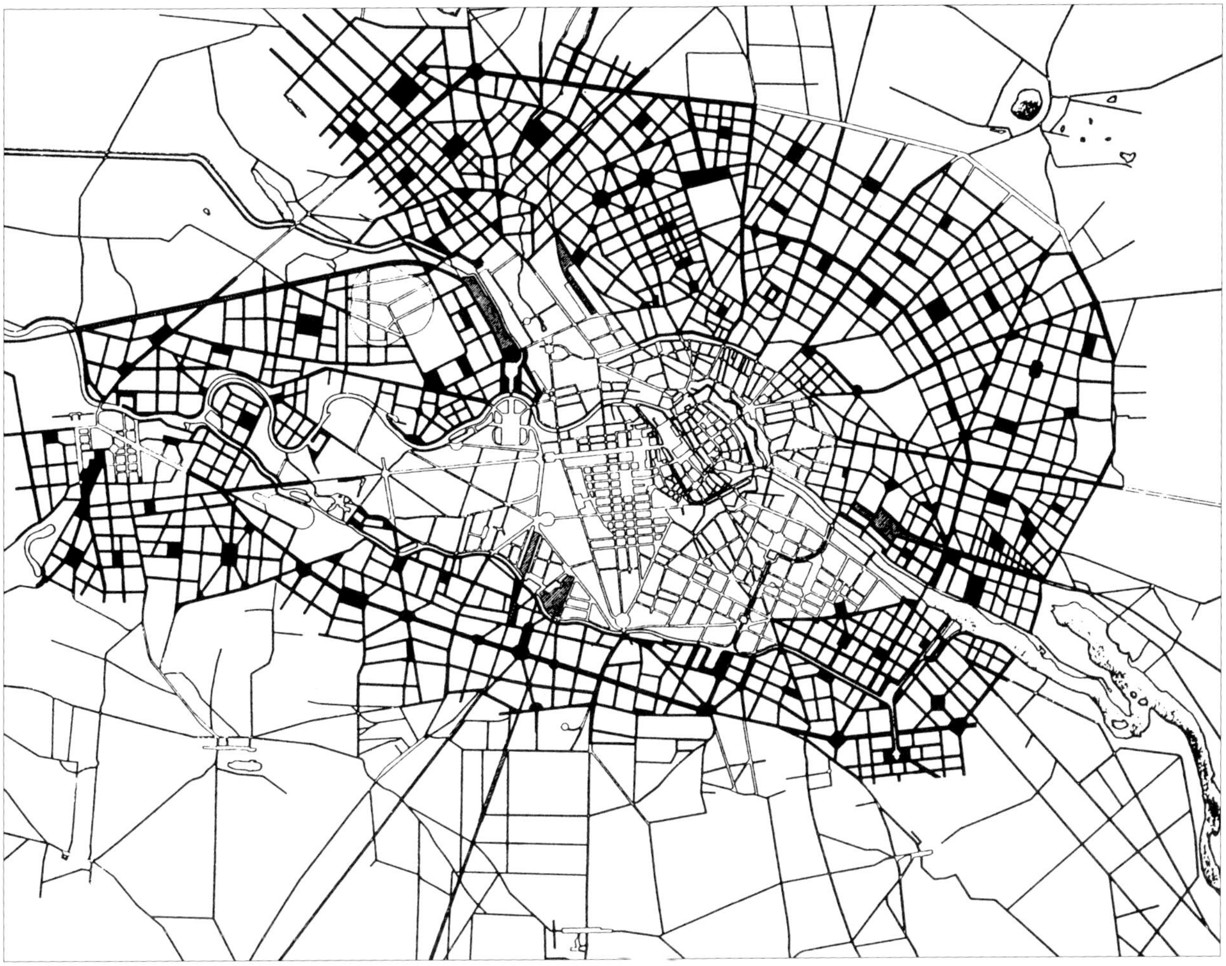

1862년의 호브레히트 계획안

Source: Hausmann, Erika/Soltendiek, Clarissa: Von der Wiese zum Baublock. Studie zur Entwicklungsgeschichte der Kreuzberger Mischung, Berlin 1986, p. 31.

페이지 16/17:
도시기반시설이 모호한 거대도시 베를린: 베를린 운하시스템의 슈프리운하 (Spreekanal) 서부지역, 1884

Source: Hobrecht, James: Die Canalisation von Berlin. Nebst einem Atlas in Groß-Folio mit 57 Tafeln. Darstellung der Entwaesserungsleitungen, Pumpstationen und Rieselfeldanlagen, Berlin 1884.

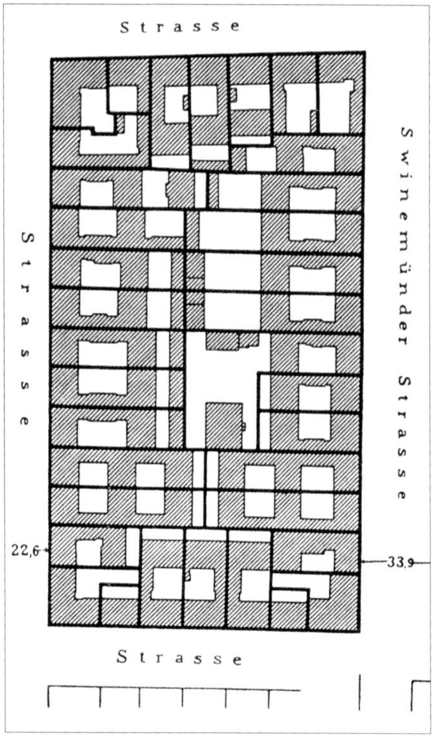

블록형 집합임대주택과 뒤뜰 정원, 1902

Source: Eberstadt, Rudolf: Handbuch des Wohnungswesens und der Wohnungsfrage, Jena 1910, p. 66.

페이지 21:
프렌츠라우어 베르그(Prenzlauer Berg) 구역의
블록형 집합임대주택, 2009

Photo by Philipp Meuser

호브레흐트는 자신에게 의뢰된 계획안 수립에 앞서 파리와 런던으로 여행을 떠났고 베를린보다 앞선 두 도시의 발전상을 연구하고 베를린 도시확장의 모델로 삼았다. 물론 그의 여행 일정에는 바르셀로나 방문 계획은 없었다.

두 계획안이 발표된 후 유럽의 도시 건축 분야의 전문가 집단 사이에서는 두 계획안에 대하여 대체적 관점에서 상반된 평가를 내렸다. 바르셀로나의 세르다 계획안이 유럽도시역사에 길이 남을 업적으로 추앙받으며 긍정적 평가를 받았던 것에 반하여, 호브레흐트 계획안은 건축가, 도시설계가 등 전문가 집단으로부터 경멸되다시피 혹평 받았으며 도시확장을 위한 도시계획 수립에 있어 반드시 주의해야 할 계획안으로 평가되었다.

세르다 계획안에서 볼 수 있는 철저하고 균형 잡힌 기하학적 평면 구조에 의한 도시공간의 형성과 전통적인 도심지역의 공간구조에 대한 변화를 주기 위한 시도적 제안은 호브레흐트 계획안에서는 전무하였다. 세르다 계획안이 도로의 시작점(출구)을 명확하게 제시하고 제안한데 반하여 호브레흐트는 전혀 계획되지 않았다.

이러한 차이에도 불구하고 호브레흐트 계획안이 세르다 계획안과 차별되는 점을 살펴보면, 호브레흐트 계획안은 원형의 도로(로타리)와 광장을 도시 확장을 위한 중요한 도시계획요소로 사용하였다는 점이 주요한 특징으로 뽑을 수 있다. 즉, 넓은 도로와 많은 광장 그리고 도심 녹지 공간을 충분히 확보하여 이를 바탕으로 도시 공간구조를 변화시키고자 한 것이다. 또한 호브레흐트 계획안이 베를린 도시계획에 미친 긍정적 영향을 찾아본다면 당시까지 불분명하였던 도시공간의 경계를 명확하게 확정하고 구획하였다는 점이며, 이는 훗날 베를린의 지구상세계획(Bebauungsplan)의 수립의 기본 토대가 된다. 또한 새로운 도로망을 계획하고 도시기반 공공시설의 조성을 위한 토지이용계획안을 수립하였다는 점이다.

호브레흐트 계획안에 있어 공간 형성의 중요한 매개체 역할을 한 도시공간의 요소는 원형의 도로와 광장이었다. 호브레흐트 계획안 수립 이전에 팽배하던 베를린 도시공간의 이원화된 계층간의 도시공간의 단절, 즉 호브레흐트 계획안은 노동자 계급과 부르주아 계급으로 이원화된 기존의 베를린 도시개발과 도시공간의 차별을 극복하고자 하여 원형의 도로와 광장을 부르주아 계급의 도시구역과 노동자 계급의 도시구역에 차별없이 계획하였다. 호브레흐트는 부르주아 계급이 거주하는 도시구역의 발전뿐만 아니라 노동자 계급이 거주하는 도시구역의 발전도 고려하여 도시계획안을 수립하였다는 것을 증명하는 것이다. 이것은 호브레흐트 계획안이 세르다 계획안과 비교하여 우수하다고 평가되는 점으로써, 계층에 따른 도시공간의 차별적 발전이 보편화되었던 당시의 유럽도시계획안에 새로운 시사점을 제시한 것이라 할 수 있다.

원형의 도로와 광장이 도시공간의 차별을 해소하고자 한 공간적 요소를 이용되었을 뿐만 아니라 도시공간의 장소적 맥락이 이미 형성된 기존 도심지가 더 매력적인

장소로 발전시키기 위한 요소로도 이용되었다. 기존의 도심지에 불규칙한 원형의 도로를 계획하고 이 원형의 도로를 따라 광장을 조성하였다.

호브레흐트 계획안의 주요한 공간요소인 광장은 계획되어진 것에 비하여 수많은 광장이 실현되지 못하고 종이 속의 계획안으로 남게 되었다. 실현되지 못한 광장이 들어설 장소에는 노동자 계급을 위한 주택들로 채워지게 되었다.

호브레흐트 계획안이 세르다 계획안과 비교되며 혹평을 받는 이유 중 하나는 민간자본에 의한 부동산 투기 및 개발에 호브레흐트 계획안이 이용되어 당시의 노동자 계급의 열악한 주거환경 조성에 일정부분 책임이 있다는 점이다. 당시 불량한 임대주택의 비인간적인 요소로 간주되었던 고밀도 집합주택의 좁은 뒤뜰정원이 구축된 배경에는 호브레흐트 계획안과 밀접한 관계가 있다. 호브레흐트 계획안에서는 블록형 집합주택의 건축방식 및 건물의 진입 동선에 대한 기준을 명확하게 제시하지 않고, 단순하게 뒤뜰정원의 크기만을 베를린시 건축조례에 따라 결정하도록 하였다.

뒤뜰정원의 최소 면적의 기준은 화재에 대비한 소방에서 요구하는 최소 면적과 비례하게 설정되어 있었다. 당시의 베를린시의 건축조례에서는 뒤뜰정원의 최소 면적의 크기는 5.3×5.3m로 정하였다. 이 면적은 화재 발생시에 소방대원이 뒤뜰정원에 진입하여 소방 호수를 들고 회전할 수 있는 최소한의 면적이었다. 긴 세월이 지나고 도시위생학적 문제가 제기됨에 따라 뒤뜰정원의 최소 면적의 크기에 대한 규정은 개선되었다.

임대주택은 베를린에서만 존재하는 독특한 도시모습이 아니다. 라히프치히와 같은 독일의 여타 도시들에서도 흔히 찾아볼 수 있으며, 다른 나라의 수도 도시인 비엔나와 부다페스트에도 존재한다. 노동자 계급이 집단적으로 거주하는 임대주택형 주거단지는 뉴욕, 바르셀로나 같은 다른 대도시에서도 흔히 볼 수 있다. 그러나 베를린처럼 한 도시의 주거형태의 구성이 임대주거형식으로만 채워진 도시는 어디에서도 찾아볼 수 있다. 임대주거방식이 사회적 주거시스템으로 자리잡도록 다양한 실험적 시도들이 베를린에서 이루어졌으며, 임대주거방식이 대다수의 베를린 시민의 주거 방식으로 자리잡기까지 베를린에서는 사회적 갈등이 빈번하게 발생하였다. 이러한 사회적 갈등은 베를린을 제외한 여타의 독일 도시에서는 찾아볼 수 없는 주거시스템에 대한 사회적 갈등이었다. 빈번히 발생하는 사회적 갈등의 근원적 원인으로 지목된 것이 단기적이고 단편적인 개발방지에 의한 임대주택 건설에서 야기되는 불량한 주거환경이었다. 불량한 주거환경의 사회적 문제는 1980년대 베를린에서 시작된 쇠퇴한 도시의 물리적 환경 개선을 위한 도시재생사업의 추신에 있어 힙리적 명분을 제공하여 주었다.

당시 임대주택의 불량한 주거환경에 대한 비판을 가하며 문제제기를 한 첫 번째 건축비평가는 베르너 헤게만(Werner Hegemann, 1881-1936)이었다. 그러나 그의 비평은 임대주택의 문제점을 바로잡을 수 있을만 한 담론을 형성할 수 있을 만큼 위대한

쿠어퓔어스텐담(Kurfuerstendamm) 구역의 프라흐트가 주택들

Source: Harlander, Tilman (ed.): Stadtwohnen, Munich 2007, p. 118.

페이지 22:
쿠어퓌어스텐담(Kurfuerstendamm) 구역, 2009

Source: Dörries, Cornelia et. al.: Luftbildatlas Berliner Innenstadt, Berlin 2009, p. 58/59.

바이에리쉐 주거단지 안의 바이에리쉐 광장, 1910

Source: 40 Jahre Berlinische Boden-Gesellschaft, Berlin 1930, p. 17.

비평은 아니었다. 경제학자이자 도시사회학자인 루돌프 에벌슈타트(Rudolph Eberstadt 1856 - 1922)야말로 임대주택의 비평의 선구자라 할 수 있다. 그는 대도시의 지속가능한 도시발전에 있어 최악의 도시계획의 개념이야 말로 임대주택의 구축을 통한 주거환경 시스템이라고 신랄한 비판을 가하였다.

그렇다면 임대주택 비평가인 에벌슈타트는 어떠한 도시계획을 새로운 대안으로 제시하였는가? 그는 교외지역에 가로로 줄지어 지어진 2층의 저층 열형 집합주택을 건설하는 영국식 전원주택도시를 대안으로 제안하였다. 물론 교외 전원 주택단지는 노동자 계급과 부르주아 계급이 어울려 거주하는 것을 기본 전제로 하였다.

많은 도시개혁가들은 도시에 노동자 계급을 위한 다층의 임대주택을 건설하고 부르주아 계급의 주거지역과 분리시키는 것은 도시의 해악을 조장하는 것이라고 비판하였다. 그들은 하나의 도시공간에 조성된 부르주아 계급을 위한 고급빌라주택과 노동자 계급을 위한 임대주택간의 주거환경의 차이를 더 이상 간과하지 않았다.

도시 공간적 불평 등을 해소하기 위한 임대주택 비평가들의 개혁적인 제안들은 1차 세계대전 전까지는 전혀 수용되지 않았다. 그러나 1차 세계대전이 끝난 후에 이들의 제안은 베를린 도시발전계획에 큰 영향력을 발휘하게 된다.

오늘날의 베를린을 임대주택도시로 명명하고 도시설계적 관점에서 바라보는 논쟁에 있어서 가장 많이 망각되고 있는 부분은 대도시 베를린이 1차 세계대전 이전에 이미 많은 임대주택으로 채워져 있었다는 점이며 임대주택도시를 형성하기 위한 큰 틀의 도시계획안을 구축하고 발전시켜 왔다는 점이다.

비위생적 뒤뜰정원을 중심으로 하고 이를 에워싸듯 조밀하게 구축된 임대주택들로 가득 채워진 노동자 계급의 주거구역에 서서히 변화가 찾아오게 된다. 노동자 계급의 도시구역에 부르주아 계급의 구역이 형성되기 시작한 점이다. 즉, 오랫동안 구축된 노동자 계급의 도시구역에 부르주아 계급의 다층형 주택이 세워짐으로써 부르주아 계급의 주거구역이 노동자 계급의 주거구역으로 점점 침두하게 된 것이다. 이러한 베를린 도시공간의 변화에 있어 특별히 흥미롭게 눈여겨봐야 하는 도시구역이 민간 자본에 의해 개발된 쿠어퓌어스텐담(Kurfürstendamm) 구역이다.

쿠어퓌어스텐담은 파리 샹젤리제(Champs-Élysées) 거리를 롤모델로 하여 개발되었으며 1883년부터 베를린 서부지역의 부르주아 계급의 주요한 도시활동의 무대가 되었다. 쿠어퓌어스텐담 거리와 가로질러 만나는 프라흐트 거리(Prachtstrasse)를 따라 새로이 세워진 건물들의 1층은 부르주아 계급들의 친교와 사교를 위한 공간들, 즉 카페, 고급상점, 문화·예술 공연장으로 채워져 갔다. 이 거리는 지금도 여전히 매력적인 도시공간으로 베를린 시민들에게 사랑받고 있다. 쿠어퓌어스텐담 구역의 동쪽 경계면에는 로마식 광장이 조성되어 서베를린의 국가적 중심이라 불리게 된다.

부르주아 계급이 주도하는 도시확장은 계속적으로 진행형이었다. 베를린 남부 지역에는 부르주아 계급을 위한 주거단지인 바이에리쉐 주거단지(Bayerische Viertel

라인니쉐 주거단지의 란다우어 가로의 모습(Landauer Strasse im Rheinischen Viertel), 1930

Source: 40 Jahre Berlinische Boden-Gesellschaft, Berlin 1930, after p. 26.

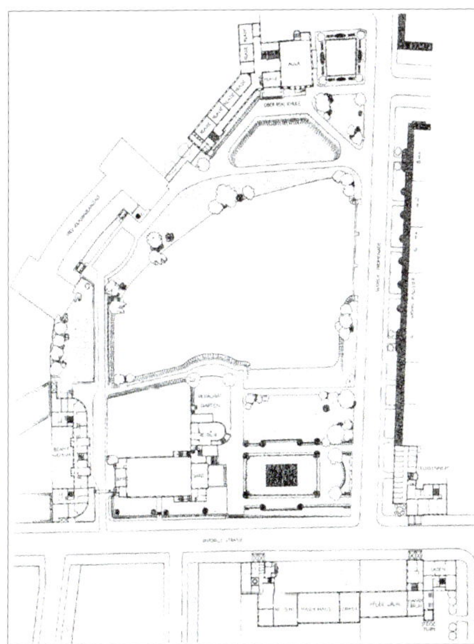

바이센제(Weissensee)의 중심지구계획안, 1911

Source: Bennewitz, Joachim: Die Stadt als Wohnung. Carl James Bühring, Architekt in Berlin und Leipzig, Berlin 1993, p. 10.

Früher
Willmann'sches
Gelände aus
der Vogelschau.
Schöneberg, Febr. 1912.
Stadterweiterungs-
Amt.

1898)와 라인니쉐 주거단지(Rheinische Viertel 1910-1914)가 건설되어 베를린 남서지역의 새로운 부도심지 역할을 하게 된다. 이 두 개의 주거단지는 베를린토지조합(Berlinische Bodengesellschaft)에 의해 건설되었다. 베를린토지조합은 게오르크 하벨란트(Georg Haberland)가 운영하는 민간토지개발회사이며, 20세기 초 베를린의 도시개발 역사에 있어 중요한 위치를 차지하는 부동산 회사였다.

라인니쉐 주거단지의 계획안을 살펴보면 1차 세계대전 이전, 당시에 민간 주도의 도시개발의 특징을 분명하게 알 수 있다. 라인니쉐 주거단지는 베를린의 도심지에서 흔히 찾아볼 수 있는 기존의 베를린 집합주택의 특징이었던 그물처럼 서로 뒤엉켜 있는 좁은 도로들을 따라 순차적으로 구축된 비위생적 뒤뜰정원인 집합주택의 건축양식으로부터 과감히 탈피하였다. 비위생적 뒤뜰정원 대신에 광장을 단지 안에 조성하고 이 광장이 주거단지의 상징적 중심이 되도록 하였다.

라인니쉐 주거단지는 베를린 도심지와 떨어진 근교에 위치한 주거단지라는 입지적 단점을 극복하기 위해 당시의 새로운 교통수단의 혁신이었던 전철 노선을 주거단지 안에 신설하였다. 베를린 중심지와 직접 연결하는 교통수단이었던 전철의 역출입구를 광장에 만들어 새로운 주거환경 구축에 있어 중심이 되는 것임을 건축적 언어로 표현한 것이라 할 수 있다.

영국식 부르주아적 건축의 관점이라 할 수 있는 영국식 전원주택도시의 관점에서 볼 때, 라인니쉐 주거단지 계획안은 단지 영국식 전원주택도시를 모방한 것에 불과한 새로운 부르주아적이며, 과대망상적인 절대적 베를린 제국시대의 건축형태에 불과할 뿐이라고 비판을 가할 수 있다.

베를린 도시발전의 역사에 있어 베를린토지조합의 설립자이며 유태계 부동산 개발자인 게오르크 하벨란트처럼, 한 사람이 한 도시의 도시개발에 있어 이처럼 상당한 영향을 행사한 사람이 없었으며 지금까지도 그때처럼 과감하고 파격적인 도시개발로 평가받는 사람은 없었다.

민간 자본에 의해 조성된 라인니쉐 주거단지와 달리 민간 자본이 아닌 관주도로 소성된 주거단지로는 바이센제 게마인데를 뽑을 수 있다. 바이센제 게마인데(Gemeinde Weissensee)는 베를린 북동부지역에 위치하여 베를린 교외지역에 적용한 모범적 도시개발의 예라 할 수 있다.

바이센제 게마인데(1907-1912)는 건축가 칼 야메스 뷔링(Carl James Buehring)에 의해 계획되었고, 그는 장엄하고 복합적인 중심지구가 작은 호수를 중심으로 조성되도록 계획하였다.

바이센제 게마인데의 계획에 담긴 도시설계 분야의 학술적 가치와 국제적 시각에서의 조명이 이루어지지 못하고 여전히 지금도 베를린 도시개발에 있어서 교외 지역의 도시개발의 주요한 예로서만 언급되고 있다는 현실이 안타깝다.

바이센제 게마인데의 학술적 가치의 조명이 안 이루어지고 있는 현실과 더불어 20세기 초 베를린 도시확장에 따라 교외지역 개발・계획안에 실현되어 있거나,

리히터펠데(Lichterfelde) 단지 서부의 역 중심지, 1897, 근교도시의 중심지 사례

Source: Christoffel, Udo (ed.): Berlin in Bildpostkarten, Berlin 1987.

페이지 26:
부르주아 계급 지구의 계획안, 쉰네베르크지역의 케실링가르텐(Cecilingengaerten in Schoeneberg), 1912, 실현되지 못함

Source: Boden-Aktiengesellschaft Berlin-Nord (ed.): In den Cecil-iengärten, Berlin ca. 1912.

빌라코로니 리히턴펠데 계획안, 1873

Source: Landesarchiv, map department, as doc. in: Harlander, Tilman (ed.): Villa und Eigenheim. Suburbaner Städtebau in Deutschland, Stuttgart/Munich 2001, p. 112.

리히턴펠데역과 역광장을 둘러싼 고급주택들, 2009

Photo by Philipp Meuser

단지 종이 위의 계획안으로 사라져 버린 베를린의 부르주아 계급을 위한 많은 고급형 주거단지 계획안에 관해 학술적 연구가 지금까지 전혀 이루어지지 않는 것이 현실이다. 이것은 대단히 유감스러운 현실이다. 만약 베를린의 부르주아 계급을 위한 고급형 주거단지에 관한 학술적 연구가 이루어진다면, 건축・도시설계 분야에서 지금까지 인정되어 왔거나, 논쟁 중에 있는 베를린 도시계획과 발전에 관한 학술적 연구결과들을 새롭게 서술하고 수정하는데 많은 도움을 줄 것이다.

건축・도시설계 분야에서는 부르주아 계급을 위한 주거단지계획의 특징을 설명할 때 사용하는 두 가지의 큰 학문적 줄기가 있다. 첫 번째는 도시의 교외지역에 개발하는 전원도시인 영국식 계획론이고, 두 번째는 도시 내부에 개발하는 프랑스식 계획론이다.

영국식 계획론이 부르주아 계급을 위한 고급형 주거단지를 위한 장소를 교외지역으로 선택하였다면, 프랑스식 계획론은 도시 중심부를 장소로 선택하였다. 프랑스 파리의 도로체계는 파리의 유명한 가로수길을 중심으로 파리의 역사를 자랑하는 기념비적인 도시공간들이 형성되도록 계획되었으며, 이 공간들을 중심으로 부르주아 계급의 고급주택들이 세워져 있다. 파리의 중심부 이외의 다른 지역은 파리의 부르주아 계급에게 있어 이렇다 할 매력적인 주거공간의 장소가 아니었다. 기념비적인 도시공간과 고급주택으로 채워진 파리의 중심부는 더욱더 매력적인 도시공간으로 만들어진 것과 비교하여 파리 중심지를 벗어난 교외지역은 비매력적인 주거 공간으로 전락하고 만다.

영국식 계획론과 프랑스식 계획론 이 외에 또 다른 제3의 계획론이 제1차 세계대전 발발 전에 베를린에서 등장하게 된다. 이 제3의 계획론은 부르주아 계급을 위한 다층형 복합 주거단지 건설을 통해 도시 확장을 이루는 도시화 전략이다. 물론 다층형 복합 주거단지 건설을 통해 도시 확장의 방법은 유럽의 다른 대도시들 –파리, 부다페스트, 프라하 그리고 비엔나– 에서도 찾아볼 수 있다.

그렇지만 계획된 내용의 양과 질적 관점에서 볼 때 베를린이야 말로 제3의 계획론의 선구자적 위치에 있다고 말할 수 있다. 지금까지는 베를린이 추구한 제3의 계획론은 유럽 도시계획의 역사에서 평가가 저하된 부분이 많다. 그것은 1차 세계대전으로 인하여 많은 자료가 유실되거나 파괴되었을 뿐만 아니라, 전쟁으로 인하여 개발이 진행된 수많은 주거단지계획이 중단되거나 계획안이 중도에 수정되었기 때문이다. 이와 더불어 당시에 영국식 계획론을 직접 보고 온 임대주택비평가들이 베를린이 추구하려고 한 제3의 길에 비판을 가하며 중단할 것을 요구하면서 베를린이 추구한 제3의 길은 도시계획 역사에서 사라지고 만다.

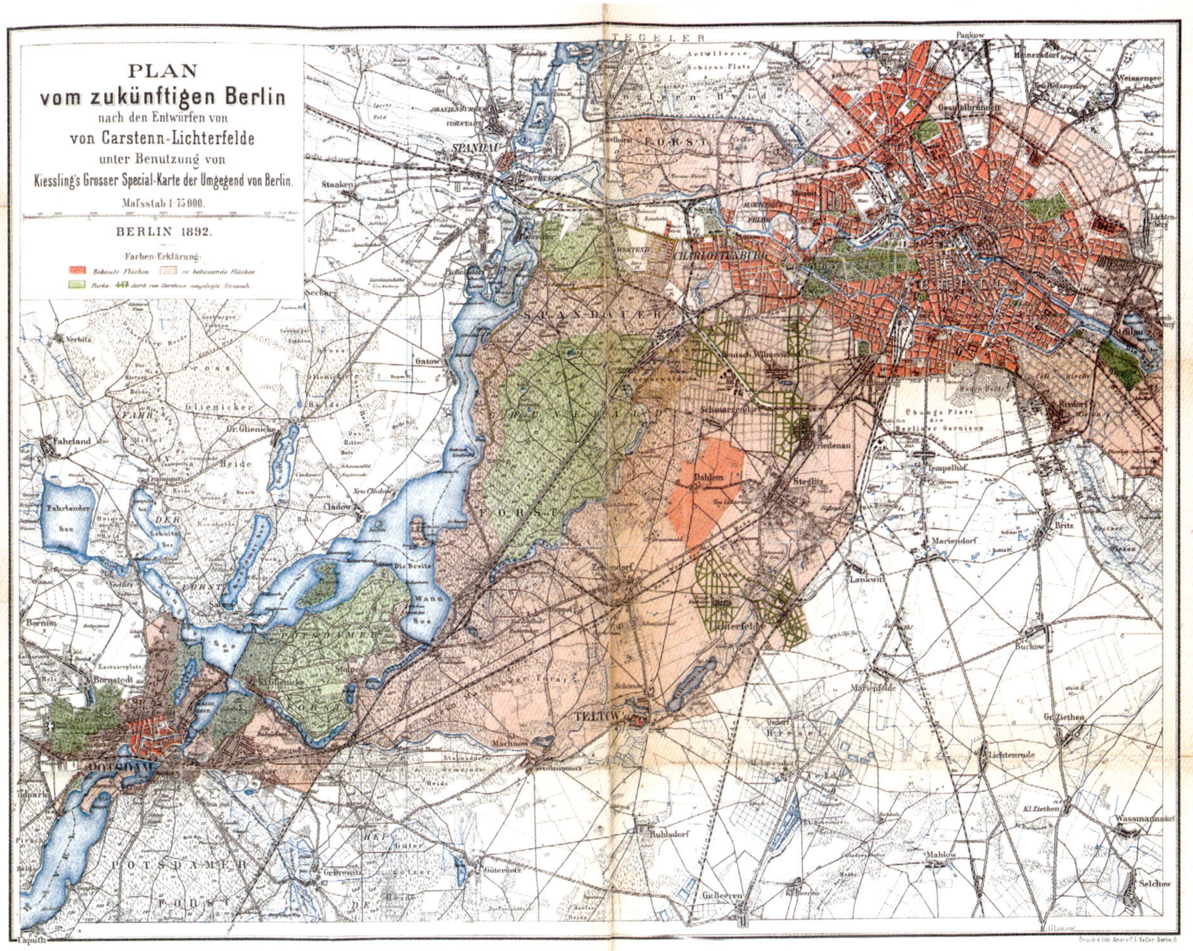

베를린과 포트담 사이의 전원도시 계획안,
요한 안톤 빌헴 카르스텐의 리히터펠데, 1892

Source: Carstenn-Lichterfelde, Johann Anton Wilhelm von: Die zukünftige Entwicklung Berlins, Berlin 1892.

프로나우역(Frohnau Bahnhof), 1911

Source: Die Gartenstadt Frohnau in alten Fotografien, Berlin 1981.

페이지 31:
전원도시 프로나우 계획안, 1913

Source: Gartenstadt Frohnau, advertisement, Berlin 1913.

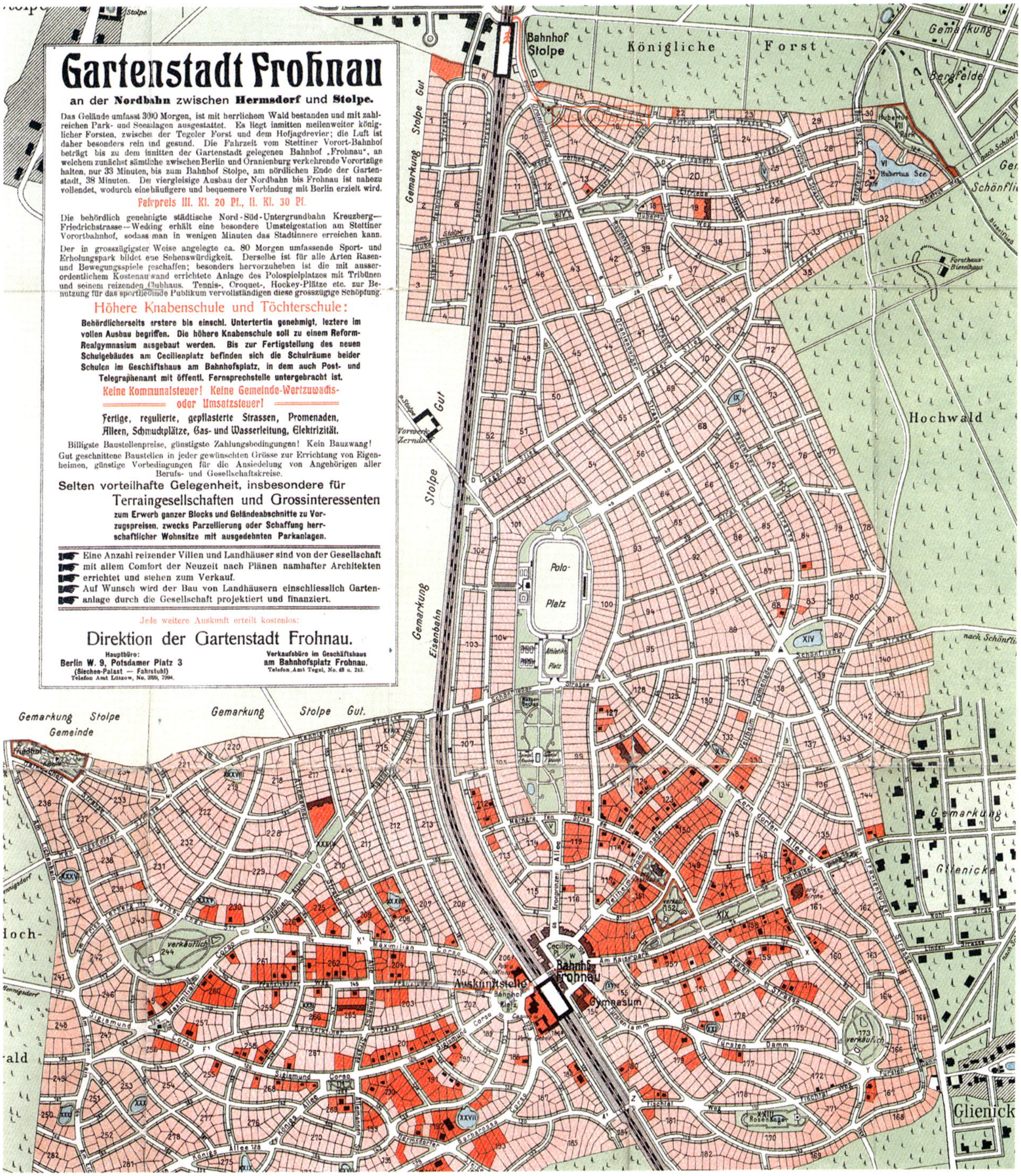
Gartenstadt Frohnau
an der Nordbahn zwischen Hermsdorf und Stolpe.
Das Gelände umfasst 3000 Morgen, ist mit herrlichem Wald bestanden und mit zahlreichen Park- und Seeanlagen ausgestattet. Es liegt inmitten meilenweiter königlicher Forsten, zwischen der Tegeler Forst und dem Hofjagdrevier; die Luft ist daher besonders rein und gesund. Die Fahrzeit vom Stettiner Vorort-Bahnhof beträgt bis zu dem inmitten der Gartenstadt gelegenen Bahnhof „Frohnau", an welchem zunächst sämtliche zwischen Berlin und Oranienburg verkehrende Vorortzüge halten, nur 33 Minuten, bis zum Bahnhof Stolpe, am nördlichen Ende der Gartenstadt, 38 Minuten. Der viergleisige Ausbau der Nordbahn bis Frohnau ist nahezu vollendet, wodurch eine häufigere und bequemere Verbindung mit Berlin erzielt wird.
Fahrpreis III. Kl. 20 Pf., II. Kl. 30 Pf.
Die behördlich genehmigte städtische Nord-Süd-Untergrundbahn Kreuzberg—Friedrichstrasse—Wedding erhält eine besondere Umsteigestation am Stettiner Vorortbahnhof, sodass man in wenigen Minuten das Stadtinnere erreichen kann.
Der in grosszügigster Weise angelegte ca. 80 Morgen umfassende Sport- und Erholungspark bildet eine Sehenswürdigkeit. Derselbe ist für alle Arten Rasen- und Bewegungsspiele geschaffen; besonders hervorzuheben ist die mit ausserordentlichem Kostenaufwand errichtete Anlage des Polospielplatzes mit Tribünen und seinem reizenden Clubhaus. Tennis-, Croquet-, Hockey-Plätze etc. zur Benutzung für das sportliebende Publikum vervollständigen diese grosszügige Schöpfung.
Höhere Knabenschule und Töchterschule:
Behördlicherseits erstere bis einschl. Untertertia genehmigt, leztere im vollen Ausbau begriffen. Die höhere Knabenschule soll zu einem Reform-Realgymnasium ausgebaut werden. Bis zur Fertigstellung des neuen Schulgebäudes am Cecilienplatz befinden sich die Schulräume beider Schulen im Geschäftshaus am Bahnhofsplatz, in dem auch Post- und Telegraphenamt mit öffentl. Fernsprechstelle untergebracht ist.
Keine Kommunalsteuer! Keine Gemeinde-Wertzuwachs- oder Umsatzsteuer!
Fertige, regulierte, gepflasterte Strassen, Promenaden, Alleen, Schmuckplätze, Gas- und Wasserleitung, Elektrizität.
Billigste Baustellenpreise, günstigste Zahlungsbedingungen! Kein Bauzwang!
Gut geschnittene Baustellen in jeder gewünschten Grösse zur Errichtung von Eigenheimen, günstige Vorbedingungen für die Ansiedelung von Angehörigen aller Berufs- und Gesellschaftskreise.
Selten vorteilhafte Gelegenheit, insbesondere für
Terraingesellschaften und Grossinteressenten
zum Erwerb ganzer Blocks und Geländeabschnitte zu Vorzugspreisen, zwecks Parzellierung oder Schaffung herrschaftlicher Wohnsitze mit ausgedehnten Parkanlagen.
Eine Anzahl reizender Villen und Landhäuser sind von der Gesellschaft mit allem Comfort der Neuzeit nach Plänen namhafter Architekten errichtet und stehen zum Verkauf.
Auf Wunsch wird der Bau von Landhäusern einschliesslich Gartenanlage durch die Gesellschaft projektiert und finanziert.
Jede weitere Auskunft erteilt kostenlos:
Direktion der Gartenstadt Frohnau.
Hauptbüro:
Berlin W. 9, Potsdamer Platz 3
(Siechen-Palast — Fahrstuhl)
Verkaufsbüro im Geschäftshaus
am Bahnhofsplatz Frohnau.
Bahnhof Stolpe
Königliche Forst
Hochwald
Polo-Platz
Gemarkung Stolpe Gemeinde
Gemarkung Stolpe Gut.
Bahnhof Frohnau
Auskunftsstelle
Gymnasium
Glienicke

바울 슈미트텐너(Paul Schmitthenner)의 전원도시 슈타켄 계획안, 1914-1917

Source: Die Gartenstadt Staaken von Paul Schmitthenner, Berlin 1917, p. 17.

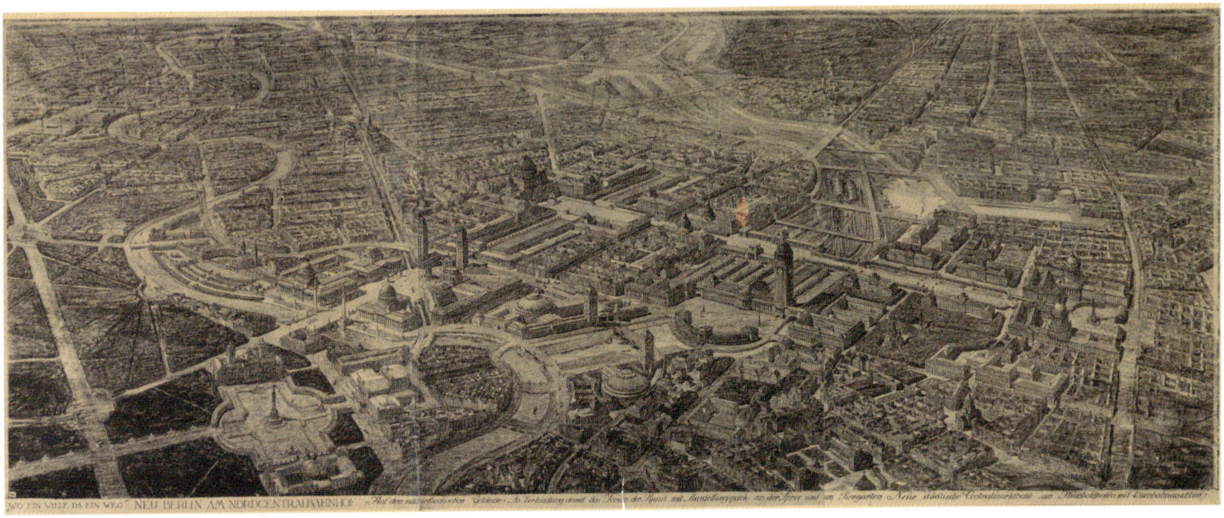

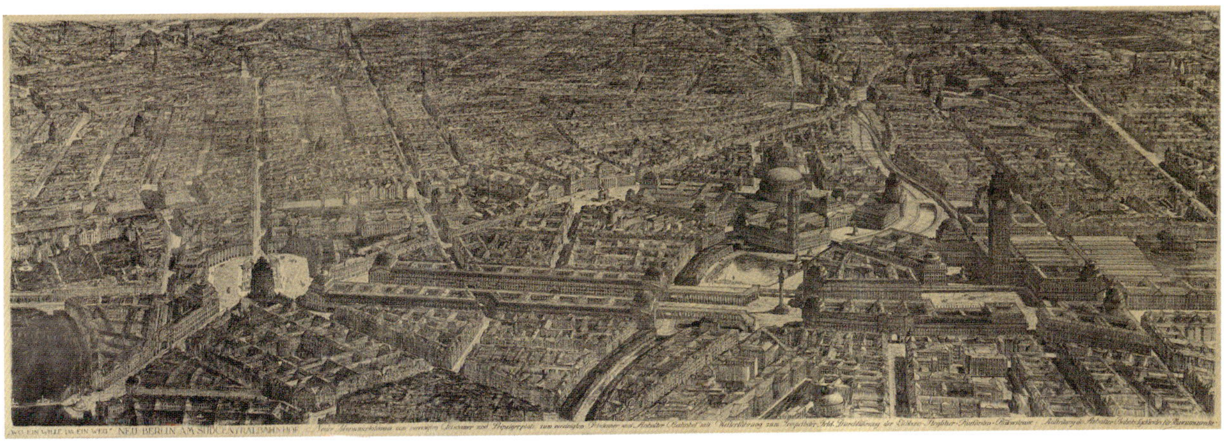

대도시 베를린 공모전에 출품한 브루노 슈미츠(Bruno Schmitz)의 계획안
베를린 북서부를 향하는 중심지 모습(위)
베를린 남서부를 향하는 중심지 모습(아래), 실현되지 못했다.

Source: Architecture Museum of the Technical University Berlin, Inv. No. 8008, 8009.

2.2 고급 주택단지 및 전원도시 구역

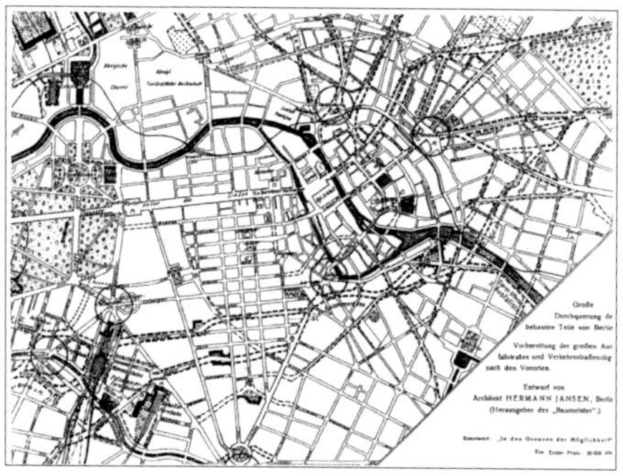

헤르만 얀센(Hermann Jansen)의 계획안, 1908-1910, 도시확장을 위해 도심지와 연결하는 새로운 도로의 건설을 제안한다.

Source: Architecture Museum of the Technical University Berlin, Inv. No. 20538.

베를린에서도 유럽의 다른 대도시들과 마찬가지로 베를린 교외지역에 많은 고급 주택단지들이 조성되었다. 교외지역의 고급주택단지 건설에 첫 포문을 연 사람은 함부르크 출신 부동산개발사업가인 요한 안톤 빌헬 카르스텐(Johann Anton Wilhelm Carstenn)이었고, 그는 1865년에 빌라코로니 리히턴펠데 단지(die Villenkolonie Lichterfelde)를 개발하였다.

요한 안톤 빌헴 카르스텐은 베를린의 교외지역 주거단지개발 프로젝트를 실행하기 전에 영국식 교외지역 도시개발에 대한 연구를 하였고 그의 고향 함부르크에서 부동산 개발에 관한 많은 경험을 쌓았다. 그의 지식적 연구와 경험을 바탕으로 개발된 빌라코로니 리히턴펠데 단지는 기존의 주거단지에서 볼 수 있는 전통적인 중심광장이 계획되지 않았으며, 그 대신 전철역과 직접적으로 연결하는 진입동선이 계획된 중앙 주출입구 2개를 조성하였다.

당시의 이슈화 되었던 교외지역의 활성화를 위한 주거단지의 성공의 성패 여부를 결정하는 주요한 계획요소는 도심지와 교외지역의 주거단지를 연결하는 대중교통 시설이었으며, 대중교통시설은 도심지에 밀집된 주거밀도를 교외지역으로 분산시키는 중요한 역할을 하였다. 코로니 리히턴펠데 단지는 2개의 전철 노선이 교점하는 지역에 계획되었다. 리히턴펠데 단지의 서쪽에 위치한 전철역 앞뜰 광장이 오늘날의 도시적 형태의 특징을 가지게 된 것은 1897년 이후부터이다. 정사각형의 작은 광장에서 뻗어나가는 3개의 가로면에 2층 높이의 건물들이 세워지도록 계획되었다.

이 건물들의 1층은 주민들을 위한 서비스 중심의 기능의 역할을 하는 공간들로 활용되었고 2층은 주거공간으로 이용되었다. 건물의 외관 디자인은 영국식 스타일인 작은도시형(Kleinstadt Stil)으로 계획되도록 하였다. 정사각형 광장의 마지막 지점은 전철역으로 조성되었다. 이러한 도시설계적 방법은 공공시설인 전철역을 중심으로 뻗어지는 가로면을 도시구성 요소들로 채우는 최초의 도시설계적 방법이 아니었을까 유추해본다. 위와 같은 도시설계적 방법은 미국 시카고 북쪽의 레이크 포레스트 지역(Lake Forest)의 철도역 중심부 계획안을 통해 더 잘 알려져 있다.

부동산개발사업가인 요한 안톤 빌헴 카르스텐에게 있어 리히턴펠데 주거단지 개발은 거대한 도시계획의 꿈을 실현하기 위한 시작에 불과하였다. 그는 베를린(Berlin) 과 포츠담(Potsdam) 두 도시 사이에 위치한 구루네발트(Grunewald_울창한 산림으로 구성된 숲)를 중심으로 하는 대규모 전원도시를 세우고자 하였다. 이 계획안은 노동자 계급이 거주하는 고밀도 집약적 도시구역인 빌헬름니쉐 컬텔의 주거문제 해결을 위한 새로운 대안으로 제시되었으나, 실제적으로는 이 계획안에서는 노동자 계급을 위한 주거공간은 찾아볼 수 없었다. 부르주아 계급을 위한 전원형 고급빌라 주택으로 계획된 교외지역 도시개발계획은 단지 종이 위에 그려진 계획안으로 그치지 않고 실제적으로 베를린과 포츠담 두 도시의 사이사이 도시공간에 하나하나 실현되었다. 울창하고

페이지 35:
요셉 브릭스(Joseph Brix)와 페릭스 그렌쯔머(Felix Genzmer)의 계획안(도심지와 교외지역의 녹지계획안), 1908-1910

Source: Architecture Museum of the Technical University Berlin, Inv. No. 20122.

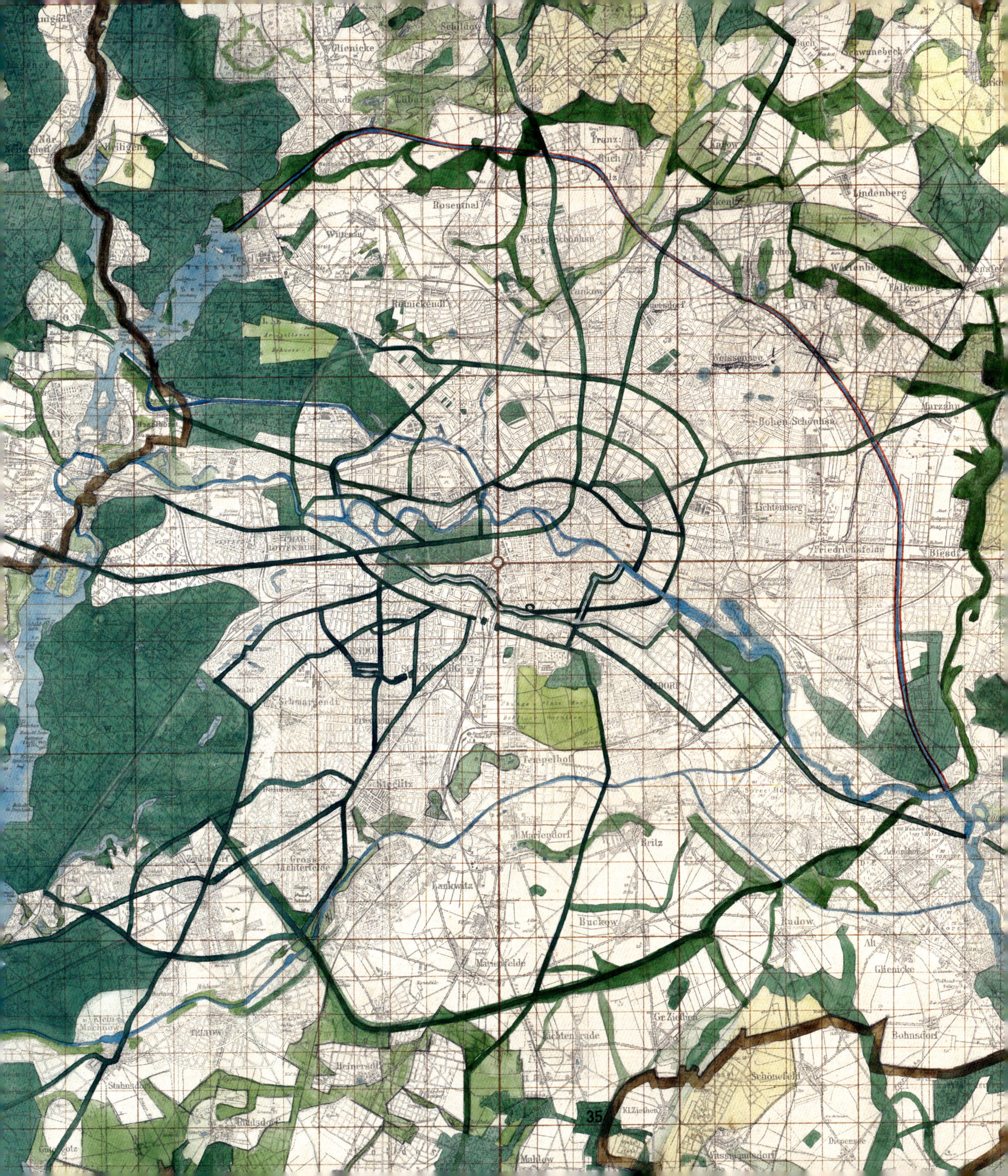

Rosenthal
Lindenberg
Pankow
Tegel
Wittenau
Weissensee
Marzahn
Lichtenberg
Friedrichsfelde
Tempelhof
Steglitz
Mariendorf
Britz
Lankwitz
Buckow
Rudow
Marienfelde
Lichtenrade
Schönefeld
Bohnsdorf
35

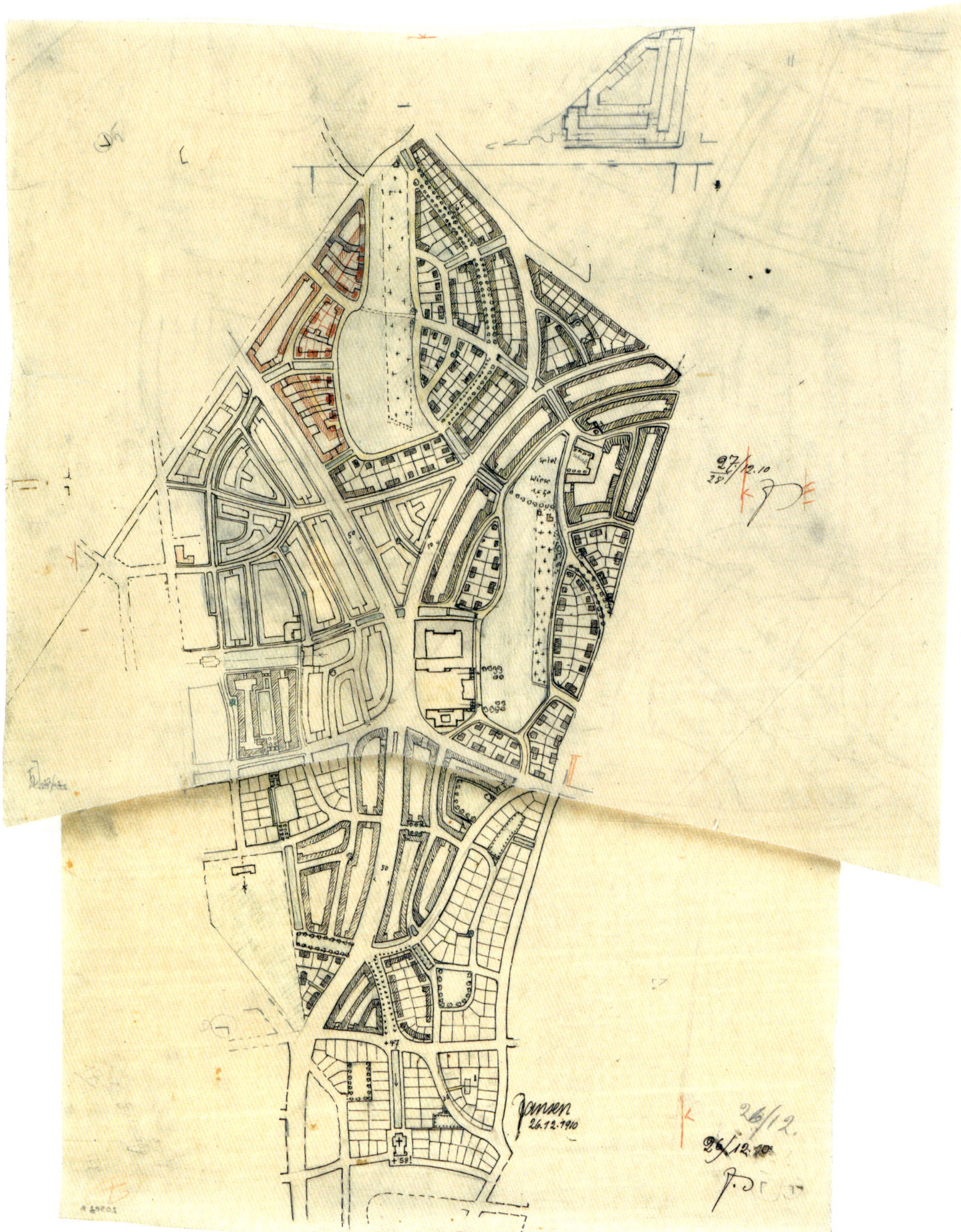
Jansen
26.12.1910

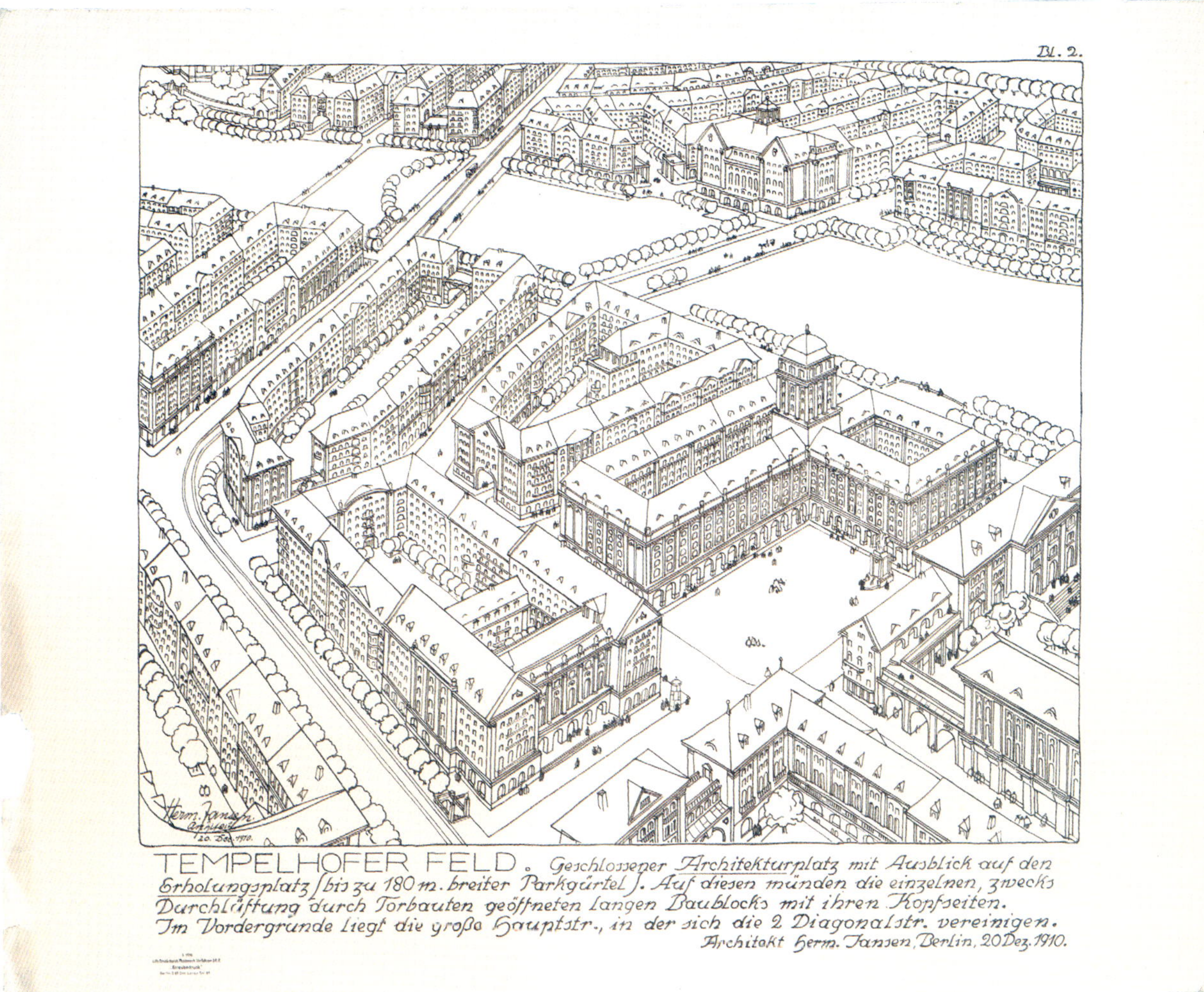

헤르만 얀센의 계획안, 1908-1910
템펠호퍼 펠드 지역의 블록형 주거단지 계획안

Source: Architecture Museum of the Technical University Berlin, Inv. No. 20563.

페이지 36:
헤르만 얀센의 계획안, 1910
베를린 남부 쇤네베르크 지역의 계획안

Source: Architecture Museum of the Technical University Berlin, Inv. No. 20582.

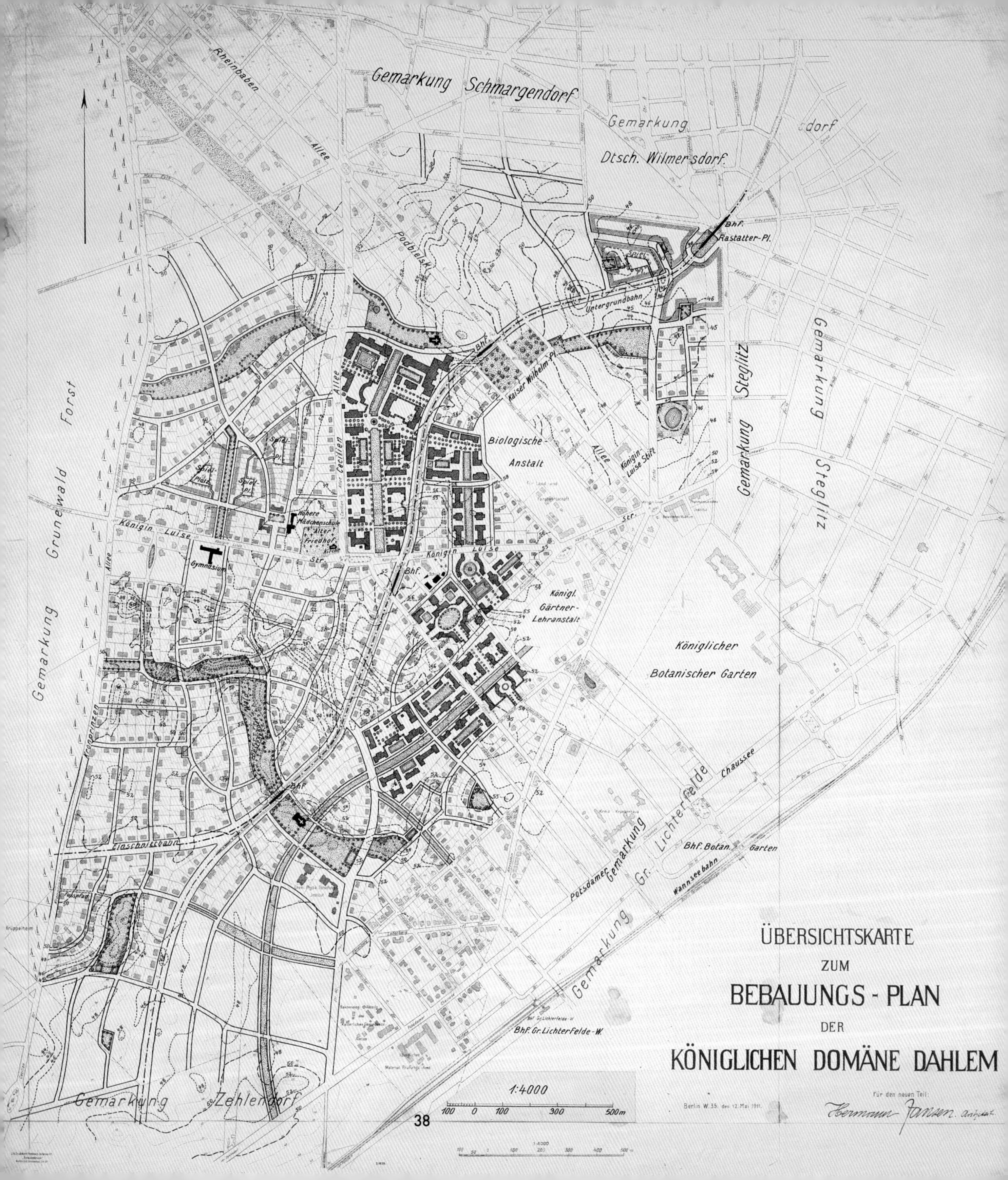
ÜBERSICHTSKARTE
ZUM
BEBAUUNGS-PLAN
DER
KÖNIGLICHEN DOMÄNE DAHLEM
Gemarkung Schmargendorf
Gemarkung Dtsch. Wilmersdorf
Rheinbaben Allee
Podbielski Allee
Bhf. Rastatter-Pl.
Untergrundbahn
Kaiser Wilhelm-Pl.
Biologische-Anstalt
Gemarkung Steglitz
Gemarkung Steglitz
Grunewald Forst
Gemarkung
Cecilien Allee
Höhere Mädchenschule
Alter Friedhof
Königin Luise Str.
Gymnasium
Königl. Gärtner-Lehranstalt
Königin-Luise Stift
Königlicher Botanischer Garten
Kronprinzen Allee
Einschnittbahn
Potsdamer Chaussee
Gemarkung Gr. Lichterfelde
Bhf. Botan. Garten
Wannseebahn
Bhf. Gr. Lichterfelde-W.
Gemarkung Zehlendorf
1:4000
100 0 100 300 500 m
Berlin W. 35, den 12. Mai 1911.
Für den neuen Teil:
Hermann Jansen

페이지 38:
헤르만 얀센의 계획안, 1910
대도시 베를린 공모전 전시회에 전시된 쾨니히리헨 도메네 달렘 지구의 지구상세기획안

Source: Architecture Museum of the Technical University Berlin, Inv. No. 20577.

알버트 게스너(Albert Gessner)계획안
"질서정연한 대도시의 비전", 1908-1910

Source: Architecture Museum of the Technical University Berlin, Inv. No. 8014.

매력적인 숲인 구루네발트와 아름다운 강으로 이루어진 장소 위에 고급빌라 주택들이 속속 세워지게 되고 유럽에서 가장 아름다운 주택단지를 형성하게 된다.

전철역을 중심으로 도시구역(주거단지)을 개발하는 방식의 베를린 도시설계에 있어 이목을 집중시키는 고급형 주거단지구역이 있다. 베를린 남서부지역에 위치한 멕시코 광장(Mexikoplatz)이다. 멕시코 광장은 작은 도시적 형태를 띠며 면밀하게 구성된 광장이며 젤렌도르프 웨스트 주거단지구역(Zehlendorf-West)의 중심에 위치하고 있다.

이 광장의 뒤편 구역은 고급주택들로 채워졌다. 전철역과 광장이 조성되고 광장 뒤편으로는 고급주택들이 건설되는 형태의 도시설계적 방법은 베를린 북부지역의 전원도시 프로나우(Frohnau)에서도 유사하게 찾아볼 수 있다. 프로나우 주거지역은 세계 1차 대전 발발 전에 건설된 마지막 대규모 주거단지이자 당시의 전원도시 건설운동에 대한 열망이 담긴 결과물이라고 할 수 있다. 프로나우 주거지역은 역을 둘러싼 작은 도시적 형태를 갖춘 두 개의 광장이 조성되어 있으며, 이 광장은 조경건축가 루트하비 레서(Ludwig Lesser)에 의해 계획되었다.

1차 세계대전 전에 건설된 베를린의 빌라구역들은 고급주택들로 채워져 있었다. 그중에서도 대표적인 빌라구역인 프로나우 주거지역은 베를린 교외지역의 도시화 과정에 있어 의미있는 첫 번째 단계로 평가된다.

빌라구역들이 부동산투자사업가들에 의해 건설되어 고급주택들로 채워진 것에 반하여, 베를린시 정부는 다른 형태의 주거단지 계획을 진행하였다. 전원도시 슈타켄(Staaken, 1912-1917)은 1차 세계대전이 발발하기 몇 해 전에 개발되었다. 당시 전쟁준비가 한창이었던 독일의 수도 베를린으로 군수산업에 종사하던 많은 사람들이 이주하였다. 수도

루트비히 힐버세이머(Ludwig Hilberseimer)의 도심지 현대화 계획안(실현되지 못함), 1928

Source: Rassegna 27/1986, p. 40.

베를린으로 이주하는 조건으로 그들에게 높은 수준의 주거공간을 제공하는 것을 제안하였던 베를린시는 독일의 유명한 건축가이자 도시설계가인 바울 슈미트텐너(Paul Schmitthener)를 이주자들을 위한 주거단지조성 책임 건축가로 선정하였고, 그는 교회와 광장을 중심으로 마을이 구축되는 독일 남부지역의 전통적인 마을형 도시를 주거단지의 롤 모형으로 삼고 슈타켄 주거단지를 계획하였다.

2.3 대도시 베를린을 향한 도시설계 공모전 1908-1910

1908년 베를린 건축가 연합과 건축가 협회는 대도시 베를린을 위한 도시설계 공모전을 개최한다. 이 공모전에 출품한 작품들은 독일과 미국의 도시설계에 대한 학문적 중매자라고 불린 저명한 도시설계가인 베르너 헤게만(Werner Hegemann)이 기획한 베를린 도시설계 전시회를 통해 전세계에 발표되어 세간의 이목을 집중 시켰다.

이 공모전의 주제는 '대도시로 향한 급속한 도시성장에 대응하는 새로운 도시질서' 였으며, 제시된 과제는 '기존의 도심지를 어떻게 기념비적인 도시공간으로 변형시키고 확장시킬것인가?' 이었다. 주제와 부합하는 가장 이상적인 대안을 제시한 작품은 부르노 슈미츠(Bruno Schmitz)의 계획안이었으나, 공모전의 1등의 영예는 헤르만 얀센(Hermann Jansen)에게 돌아간다.

헤르만 얀센은 기존의 도심지와 연결하는 새로운 도로들을 계획하고, 이를 통해 도심지의 교통 활성화를 이루고 도심지와 교외 지역을 연결하는 도로를 매개체로 하여 도시확장을 이루고자 하는 계획안을 제시하였다. 또한 그는 임대주택도시로 지속적인 고밀화가 이루어지고 있는 베를린을 위한 새로운 주거단지계획을 제안하였다. 그가 제시한 주거단지는 가로에 면한 블록형 건축물로 구성되고 뒤뜰 정원 형성을 최소화한 것이다. 그의 계획안은 다른 건축가들의 계획안과 마찬가지로 기존의 교외지역 주거단지가 보여준 역과 광장, 그리고 주거단지로 구성된 정형화된 교외지역의 주거단지계획 도시설계 방법을 극복하고자 하였다. 그가 제시한 극복방안은 교외지역을 부르주아 계급을 위한 전원도시로 계획한 것이 아니라, 소박한 작은 마을형 도시로 계획하는 것이었으며 보스턴, 시카고에서 볼 수 있는 미국식 도시계획안을 모범으로 하여 도시와 교외지역을 잇는 통합적인 녹지계획을 제시하여 도심지역과 교외지역이 통합적으로 발전되도록 하였다.

공모전에 출품된 모든 계획안들은 아쉽게도 실현되지 못하고 단지 종이 위의 계획안으로 여전히 남아있다. 베를린의 급속한 성장으로 인한 도시혼란을 최소화하고 완화시키기 위해 1912년 대도시 목적연맹이 결성되어 대도시 베를린에 속한 지방자치 단체들을 연합하고 공동의 과제를 통합적으로 해결하고자 시도하였다. 대도시 목적 연맹에서는 도시기반시설계획, 특히 도로교통계획 그리고 도시녹지공간계획에 대한 사업들을 진행하였다. 1차 세계대전이 끝난 후인 1920년에 베를린 시정부는

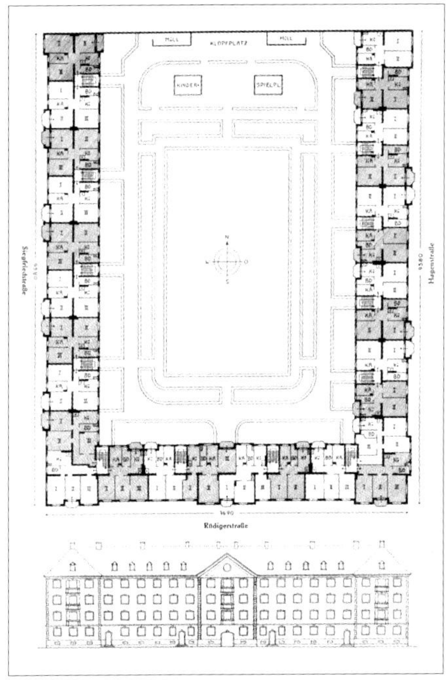

헬무트 그리세바흐(Helmuth Grisebach)와 하인츠 레만(Heinz Rehmann)의 리히텐베르크 전통적 블록형 집합주거의 평면도와 입면도

Source: Grisebach, Dr. Ing. Helmuth/Rehmann, Heinz: Unsere Bauten. EA, Berlin 1928, p. 41.

페이지 42/43:
브루노 타우트(Bruno Taut)와 마틴 바그너(Martin Wagner)의 말발굽형 주거단지, 1925-1930

Photo by Philipp Meuser

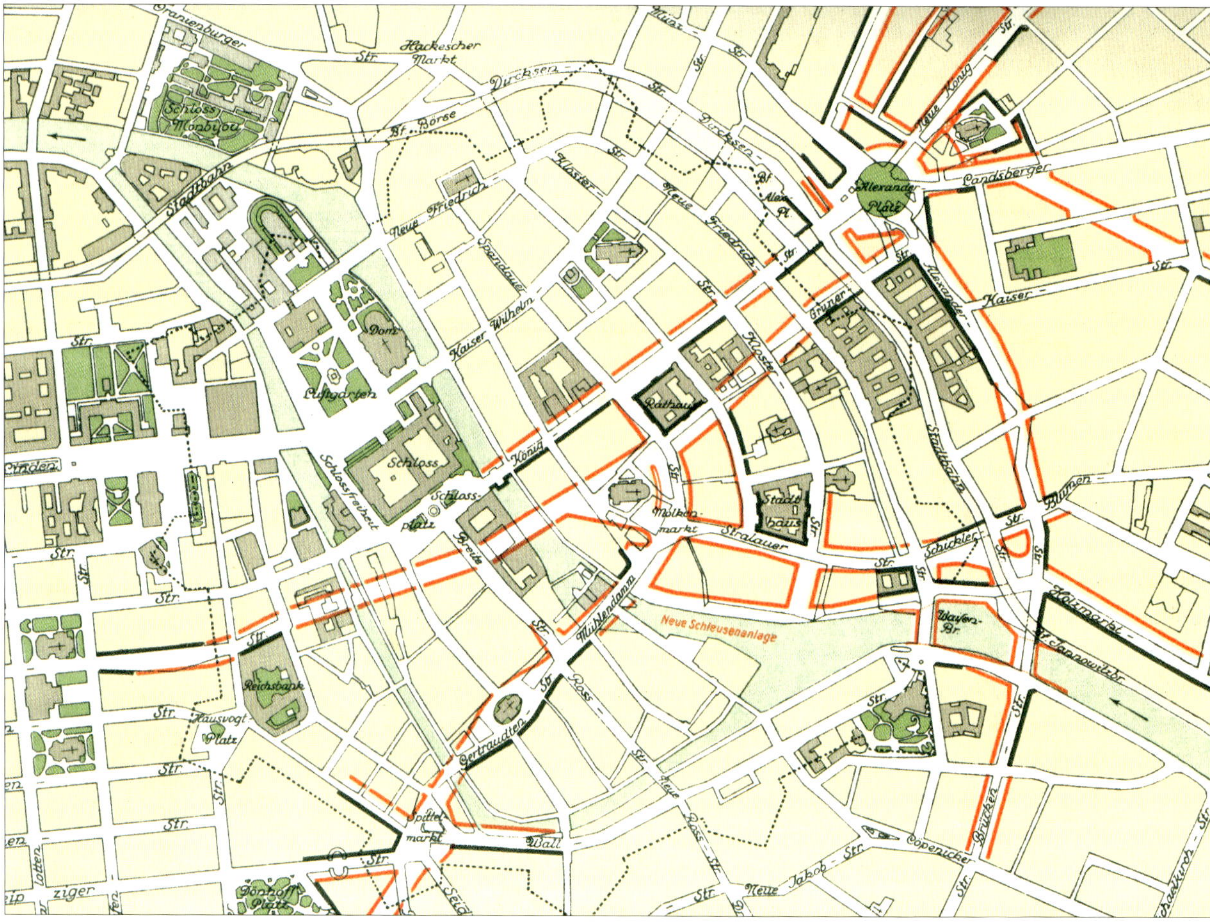

베를린 구시가지의 도로계획안(실현되지 못함), 1930

Source: Harald Bodenschatz Collection.

알렉산더광장(Alexanderplatz)의 재개발, 1934

Source: Landesarchiv Berlin, as doc. in: Bodenschatz, Harald (ed.): Renaissance der Mitte, Berlin 2005, p. 183.

주변의 지방자치단체와 통합하여 하나의 거대한 지방정부로 탄생하게 되고, 베를린은 시내행정구역과 시외행정구역으로 구획되어지게 된다.

3. 새로운 베를린을 향한 급진적 행보

1차 세계대전부터 1970년대까지 베를린은 세계의 화약고라 불리며 수많은 정치적 난간이 산재하여 있었음에도 불구하고 이러한 정치적, 외부적 상항을 극복하며 베를린은 철저하게 현대화되었다. 베를린의 옛 모습을 간직한 구시가지의 도시적 형태의 변화없이 베를린에서는 새로이 거대한 도시화가 진행되었으며 도시를 가로지르는 고속도로가 건설되고, 교외지역에는 주변 자연환경과 어울리는 아름다운 주거단지들이 조성되었다. 또한 모던건축물 그리고 중산층의 등장으로 대표되는 베를린의 현대화하는 새로운 도시설계의 길을 모색하게 된다.

3.1 바이마르 공화국 시대의 베를린

1차 세계대전은 베를린의 도시설계의 새로운 전환점이었다. 베를린은 더 이상 제국의 수도가 아니었으며 바이마르 공화국의 수도로 새롭게 탄생하게 된다. 이러한 변화로 인하여 폭풍우처럼 밀려왔던 대도시 베를린을 향한 도심지와 교외지역의 도시성장이 멈추게 된다. 성장에서 쇠퇴의 과정적 변화를 도시설계적 관점에서 살펴보면, 1920년대의 대도시 베를린의 도시발전의 황금기가 끝나고 빈약하고 궁핍한 시대로 전락한 시점이라 평가할 수 있다. 1920년 이후로는 부르주아 계급을 위한 고급 주택으로 가득찬 주거단지계획은 더 이상 베를린의 교외지역에서 찾아볼 수 없게 되었고 도심지에 급진적으로 현대화 작업을 진행하려던 계획들은 모두 교착 상태에 빠지게 된다. 이러한 변화와 대조적으로 베를린이 공화국의 수도의 모습을 갖추기 위한 신베를린 건설에 모든 힘을 집중하기 시작하였고 대규모 주거단지인 지들룽(Siedlung) 건설이 시작되었다.

1차 세계대전이 독일의 패망으로 종전되고 전세계의 어두운 역사의 서막을 여는 독재자 히틀러가 등장하기 전까지의 이 짧은 기간 동안에 펼쳐지는 베를린의 도시설계 변화에 전세는 주목하게 된다. 베를린의 도시설계 변화를 주도한 것은 임대주택 도시에서 유발된 각종 도시문제의 해결을 위한 새로운 도시설계적 대안이었다.

무엇보다도 이목을 끄는 당시의 도시설계는 도시적 질서를 구축하여 도심지와 대중교통을 연결하며 구축된 교외지역의 대규모 복지주거단지 계획이었다.

세계적으로 유명한 건축가 브루노 타우트(Bruno Taut)와 마틴 바그너(Martin Wagner)가 계획한 말발굽형 주거단지(Hufeisiensiedlung Britz 1925-1930)가 이 시기에 건설되었다. 말발굽형 주거단지는 주거기능에 충실하게 계획되어 단지 중심부에 중정을 두고 최소한의 서비스 공간을 계획하여 주민들의 편익을 제공하도록 하였다. 중정은 말발굽형 주거단지의 상징적인 공간으로 자주 언급된다. 말발굽형 주거단지를 둘러싼 풍부한 녹지공간은 다양한 공동공간을 제공할 뿐만 아니라, 단지와 단지 외부를 나누는 명확한 경계의 역할을 한다. 그리고 말발굽형 주거단지 역시 당시의 교외지역의 주거단지 도시설계안의 상징인 대중교통의 편리성을 강조한 계획이 이루어져 도심지와 주거단지가 전철로 연결되도록 계획되었다.

말발굽형 주거단지의 계획안에서 엿볼 수 있는 사실은 당시 베를린이 처한 긴박한 사회문제, 즉 비위생적 고밀도 주거환경에 대한 해답을 제시하고자 하였다는 점이다. 이러한 고민의 흔적은 주거단지의 방 크기와 구성에서 찾아볼 수 있다. 말발굽형 주거단지는 사회적 약자인 노동자계층에게 적합한 주거환경을 제공하고자 계획되었다. 그럼에도 불구하고 말굽형 주거단지를 통해 베를린이 꿈꿔 온 노동자계층을 위한 다양한 선택적 주거공간의 대량 제공은 아쉽게도 실현되지 못한다. 왜냐하면 노동자계층의 현실적 수입에 비교하면 말발굽형 주거단지의 임대료가 너무 비쌌기 때문이다.

사회계층의 계급화로 인하여 야기된 사회적 불평등의 갈등을 평등한 공간을 제공하여 물리적 평등으로 희석시키고 덮으려고 한 시도는 사회계층에 따른 도시공간의 분리와 단절이라는 예상하지 못한 다른 방향의 결과를 낳게 된다.

베를린에서 시작된 대규모 복지주거단지 건설은 데사우, 프랑크푸르트 그리고 함부르크 등 독일의 다른 도시로 확산되었고, 독일은 유럽도시의 교외지역의 대규모 복지주거단지 계획의 표본이 되었다. 이 당시에 건설된 복지주거단지는 2차

페이지 47:
도시 남북 가로축을 중심으로 새롭게 계획된 베를린의 모습, 1941/1942

Source: Shusev State Museum of Architecture (MUAR), Moscow.

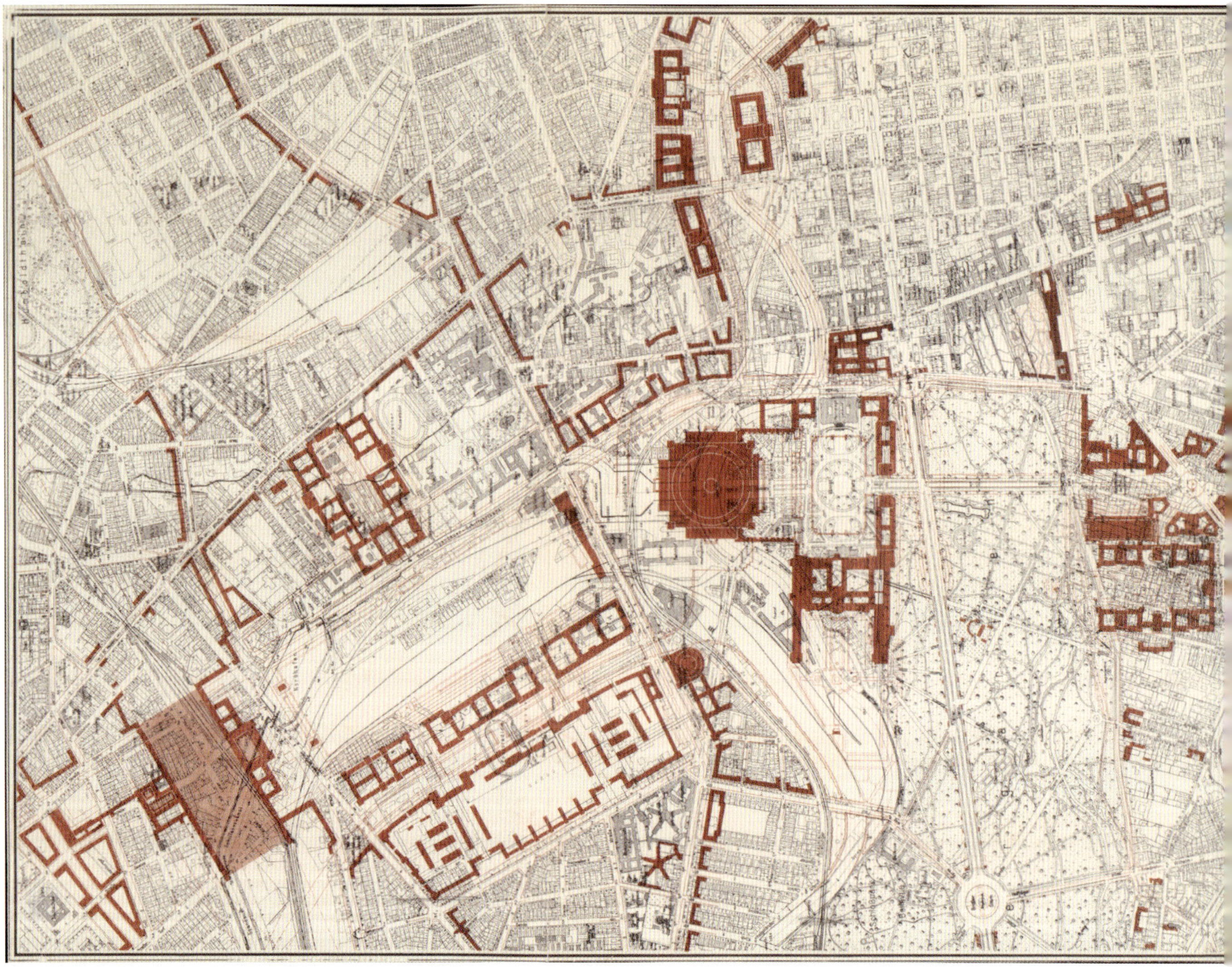

알버트 슈페어(Albert Speer)에 의해 계획된 도시 남북 가로축, 1940

Source: Estate of Rudolf Wolters, as doc. in: AIV (Hg.): Berlin und seine Bauten. Part I: Städtebau, Berlin 2009, p. 183.

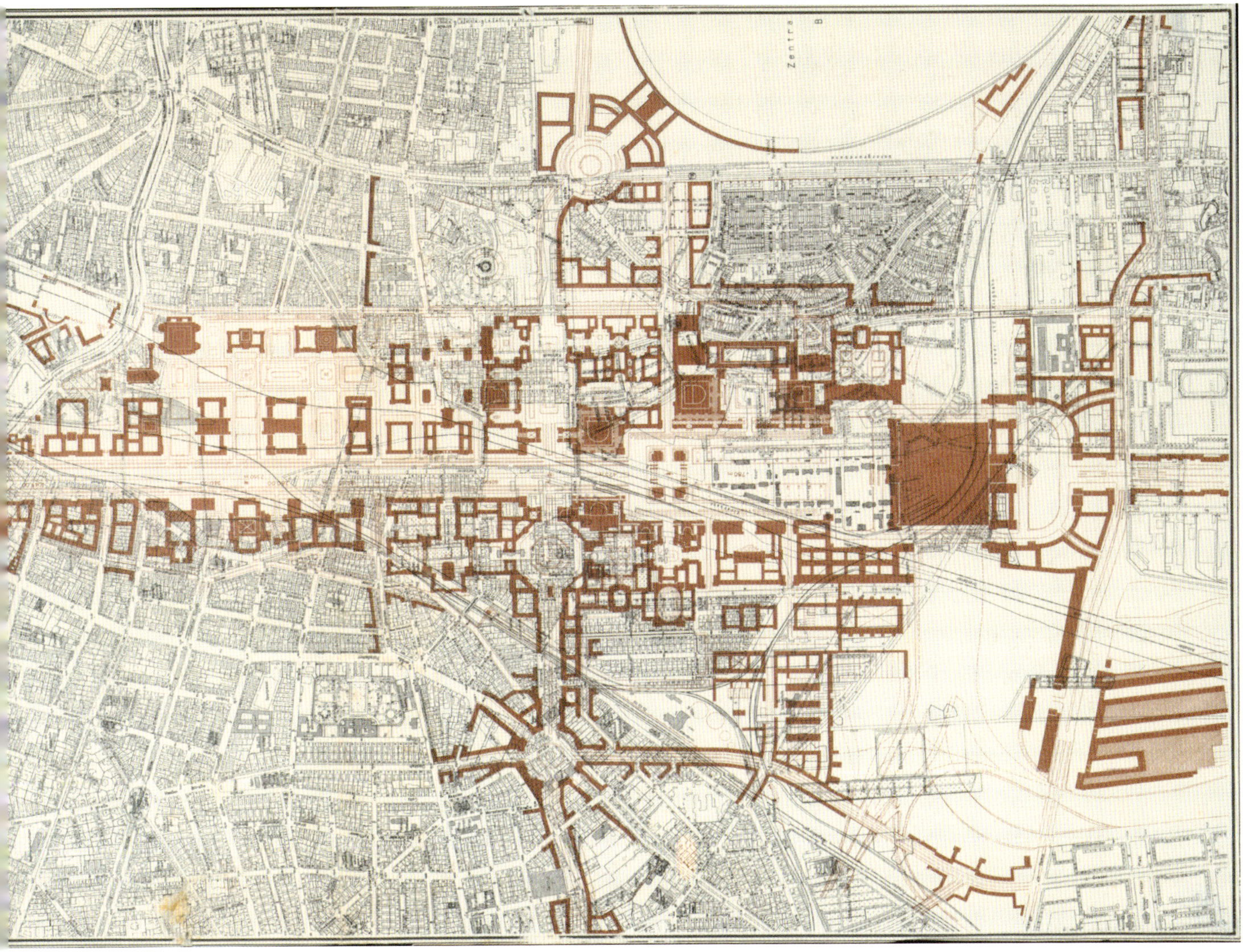

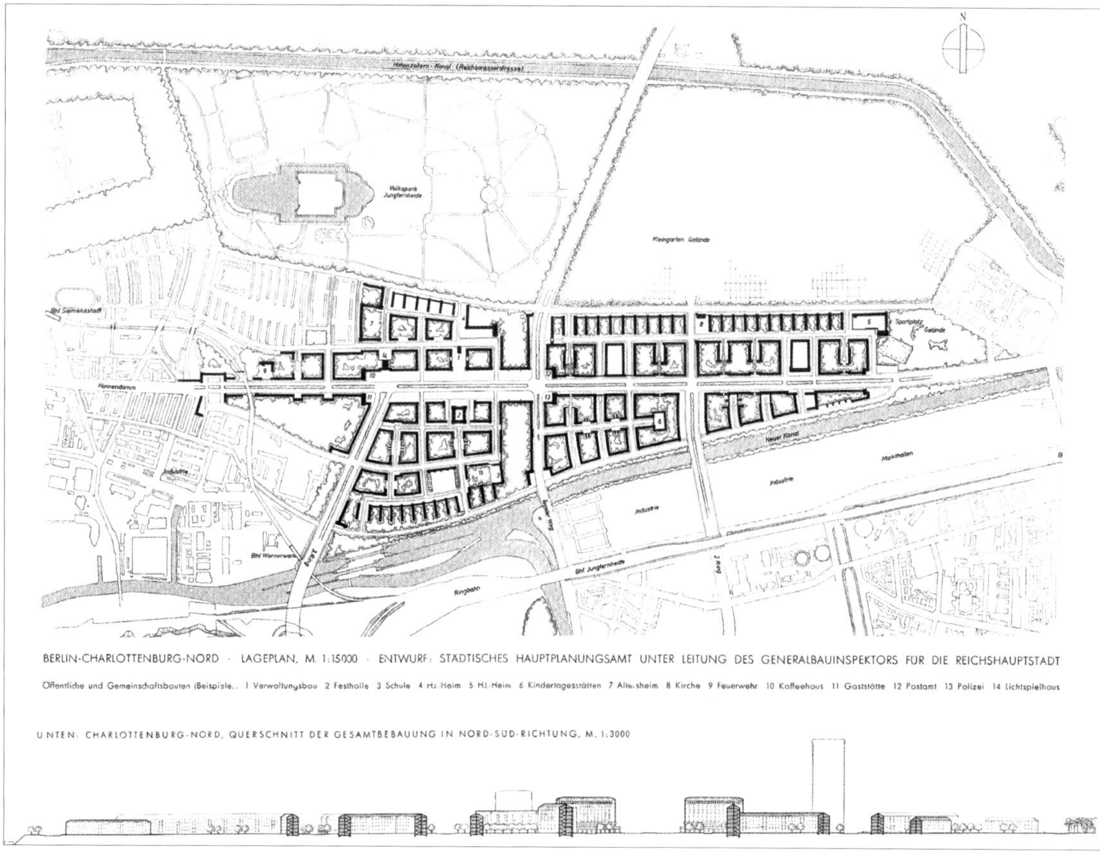

샬롯텐부르크(Charlotburg-Nord) 북부지역의 주거단지 계획안, 1939

Source: Die Baukunst, November 1939, as doc. in: AIV (ed.): Berlin und seine Bauten. Part I: Städtebau, Berlin 2009, p. 311.

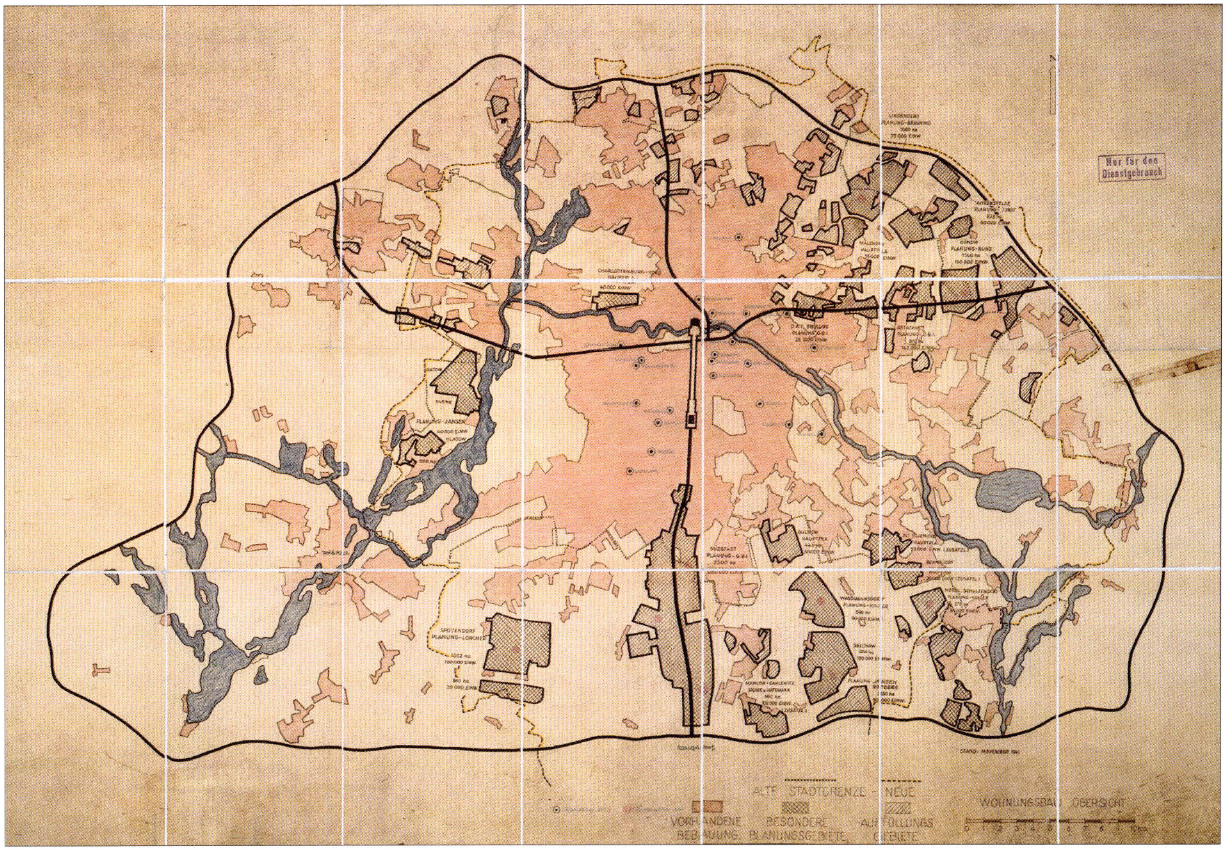

베를린 주거공급 계획안, 1941, 실현되지 못함

Source: Landesarchiv Berlin, map department, as doc. in: AIV (Hg.): Berlin und seine Bauten. Part I: Städtebau, Berlin 2009, p. 142.

에른스트 자게빌스(Ernst Sagebiels)의 도시설계(1938/1939)에 따라 건설된
루프트부뤼케광장(Platz der Luftbruecke) 주변 사진, 2009

Photo by Philipp Meuser

오토 필레스(Otto Firles)의 도시설계(1935)에 따라 건설된 펠벨린너 광장
(Fehrbelliner) 주변 사진, 2009

Photo by Philipp Meuser

DEUTSCHE
ELEKTROTECHNIK
Friedrichsgracht

세계대전 이후 건설된 복지주거단지보다 도시설계적 질과 수준이 훨씬 더 높았던 것으로 평가되고 있다. 1920년대 건설된 복지주거단지는 베를린 도시설계의 명예와 같았으며 그 시대의 베를린의 자랑이 되었다.

1920년대 건설된 복지주거단지는 2차 세계대전 이후 건설된 복지주거단지와 마찬가지로 공적자금에 의해 건설되었다. 복지주거단지들은 공익주택경영회사(Unternehmen der gemeinnuetzigen Wohnungswirtschaft)에 의해 건설되고 관리되었다. 1920년대 이후 새로운 복지주거단지들에서는 다양하고 복합적인 도시주거시설을 제공하고자 한 1920년대의 복지주거단지들의 전통적 건축의 유산을 더 이상 찾아볼 수 없게 되었다.

바이마르 공화국 시기의 교외지역의 대규모 주거단지인 지들룽 건설계획은 대도시 베를린을 향한 도시확장의 교외도시화 제2단계 과정으로 평가받는다. 이 단계에서 나타난 두드러진 특징은 중산층 이하의 계층, 소위 사회적 약자 계층이라 불리는 노동자 계층의 열악한 주거환경을 개선하기 위한 사회적 해결방안으로써 교외지역에 대규모 주거단지를 건설하여 복지개념의 사회적 주거공간을 제공하고자 한 것이다.

바이마르 공화국 시기의 도시설계에 관한 건축 · 도시 분야의 전문서적에서 언급되고 있는 이 시기의 도시설계에 대한 또 다른 특징은 교외지역의 대규모 주거단지 건설과 더불어 진행된 베를린 도심지의 현대화 작업을 위한 급진적인 계획안들의 등장이다.

도심지 현대화 작업의 목적은 현대화된 도시구조에 기반을 둔 새로운 도심지 개발이었다. 이러한 개발의 목적 아래 산업화 이전의 구시가지의 도시구조, 특별히 새로운 교통 시스템인 자동차, 전차에 적합하지 않은 교통환경에 대한 현대화 작업이 빠르게 진행되었다. 데사우(Dessau)에 위치한 바우하우스(Bauhaus)의 도시설계과 루트비히 힐버세이머(Ludwig Hilberseimer) 교수는 베를린의 현대화 작업을 위해 "모던도시의 새로운 도시구조(1928)"라는 계획안을 발표하였다. 그의 계획안에 맞춰 베를린시 건축국장 미틴 바그너(Martin Wagner)는 산업화 이전에 도심지에 건설된 마지막 대규모 주거지역인 피셔키제스(Fischerkiezes, 1930) 주거공간에 대한 과감한 철거 작업을 착수하고자 하였다.

루비히 힐비세이머 교수의 대담한 도심지 현대화 계획은 1930년대의 알렉산더 광장(Alexanderplatz)의 재개발을 시작으로 본격적으로 착수되는 듯 보였으나, 그의 대담한 도시설계 계획안은 많은 부분 실현되지 못하고 만다.

동베를린의 중심지 계획(실현되지 못함), 1952

Source: Ulbricht, Walter: Das nationale Aufbauwerk und die Aufgaben der deutschen Architektur, Berlin 1952, p. 13.

3.2 나치즘 시대의 베를린

베를린의 가장 어두운 시기이며 소위 "나치(Nazi)"로 잘 알려진 국가사회 주의의 암흑한 독재시대의 무대가 베를린에 펼쳐지게 된다. 막강한 권력을 지닌 독재자 히틀러는 베를린이 간직한 도시의 역사와 전통적 모습을 부정하였다. 그는 도시 남북을 연결하는 가로축을 따라 기념비적인 도심지를 새로이 건설하고자 하였다.

페이지 54:
쿠어스 가(Kurstrasse)의 성 페트리 성당(St. Petrikirche)의 모습, 1959

Photo by Gerhard Boß

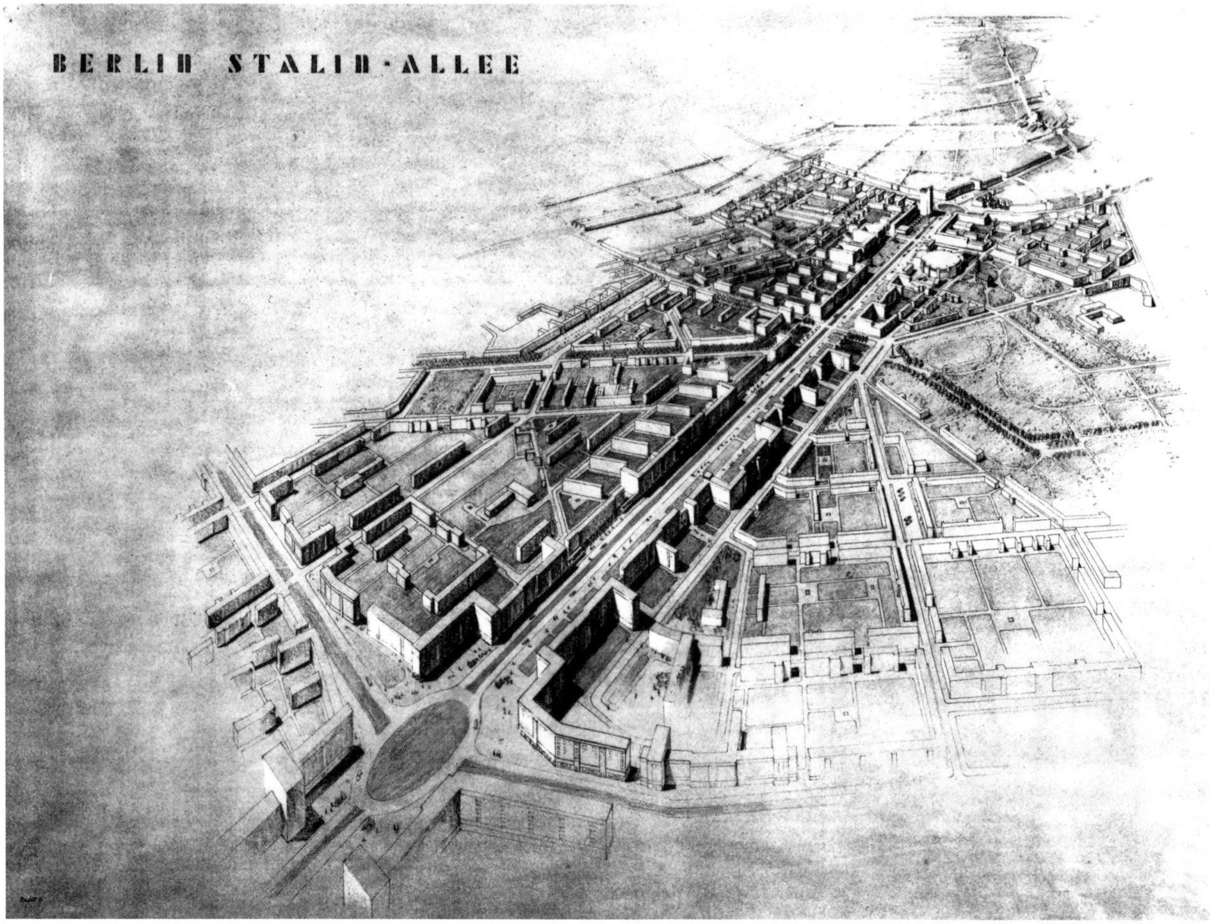

에곤 하르트만(Egon Hartmann)에 의해 계획된 동베를린의 스탈린 가로(공모전 1 등 당선안), 1951

Source: Hans Gericke, as doc. in: AIV (ed.): Berlin und seine Bauten. Part I: Städtebau, Berlin 2009, p. 253.

서베를린의 한자구역(Hansaviertel) 주거단지(인터바우), 1957
옛 시가지에 건설된 새롭고 급진적으로 현대화된 주거단지

Source: Landesarchiv Berlin, as doc. in: Bodenschatz, Harald: Platz frei für das neue Berlin! Berlin 1987, p. 169.

페이지 58:
칼 마르크스 가로(Karl-Marx-Allee_옛 스탈린 가로)의 모습, 2009

페이지 59:
서베를린의 한자구역, 2009

Photos by Philipp Meuser

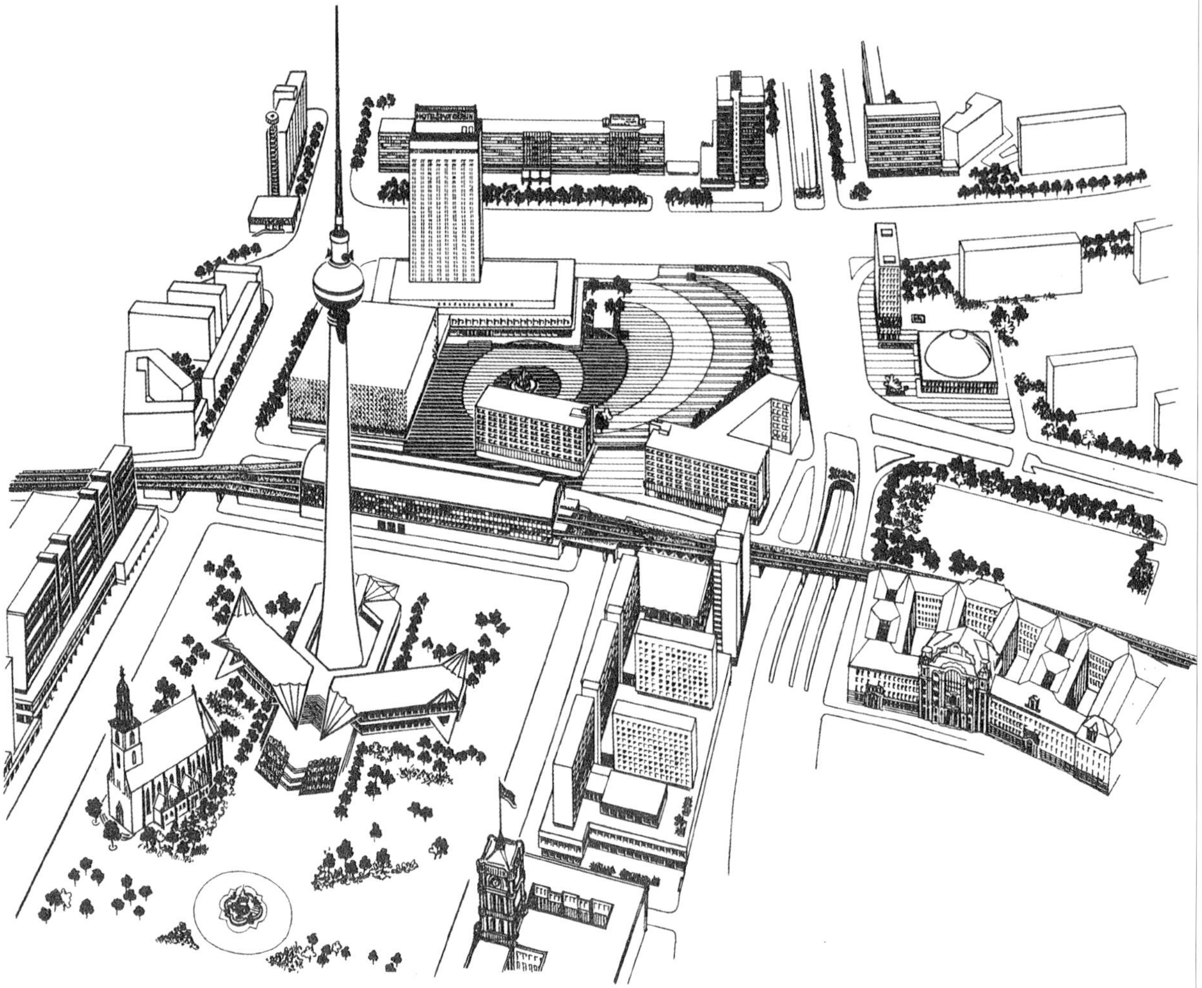

동베를린의 새로운 중심지_자동차 교통 중심적으로 구축된 알렉산더 광장, 1974

Source: Volk, Waltraud: Berlin. Hauptstadt der DDR.
Historische Straßen und Plätze heute, Berlin 1975, attachment.

상징적인 도시 가로축을 중심으로 도시개발을 이루고자 한 히틀러 도시설계는 소련의 독재자 스탈린의 도시설계와 차별화 된다. 스탈린(Stalin)의 도시설계는 역사적으로 전승되어온 방사형 도로와 원형 교차로를 기반으로 하는 도시구조를 구축하여 모스크바를 개발하고자 한데 반하여 히틀러는 베를린의 기존의 도시모습을 모두 부정하였다.

히틀러와 동시대에 진행된 스탈린의 모스크바 도시설계와 무쏠리니(Mussolini)의 로마 도시설계의 흔적을 지금도 찾아볼 수 있는데 반하여, 나치시대에 진행된 독재자의 베를린 도시설계의 흔적은 현재 베를린에서 전혀 찾아볼 수 없다. 그나마 나치시대의 과대망상적인 도시개발의 흔적이 남아있는 곳은 몇몇의 기념비적 관공서 건물과 템펠호프 공항(Tempelhof)이 전부이다.

또 다른 도시설계의 흔적으로는 국가사회주의식 주거공급프로그램이 있다. 나치 시대에도 새로운 주거단지들이 많이 건설되었는데, 이 시기에 건설된 주거단지들은 바이마르공화국 시기에 제시된 대규모 주거단지의 주거표준에 상당히 미치지 못한 수준으로 평가받는다. 그 밖의 나치의 새로운 베를린을 위한 기념비적 건물 건설을 위한 계획안들과 과대망상적인 도시설계안은 실현되지 못하고 상당수 많은 부분이 단지 종이 안에 남아 있다. 그들은 교외지역의 도시화를 위한 어떠한 계획도 제안하지 않았으며 단지 도시형 주거단지의 대량생산을 통한 도시확장을 이루고자 하였다. 물론 베를린 남부지역에 계획된 도시형 주거단지 건설을 통한 도시확장 계획안과 같이 이 또한 실현되지 못하였다. 도시형 주거단지의 도시설계의 질적 수준은 1차 세계대전 전에 건설된 부르주아 계급의 고급주거단지와 비교 조차할 수 없을 정도로 낮은 수준이었다.

나치에 의해 점화된 2차 세계대전으로 베를린은 황폐하게 파괴되었다. 2차 세계대전이 끝난 후 파괴된 도시를 재건을 위해 현대화된 건물들이 계획되고 속속 건설되기 시작하였다.

서베를린의 새로운 중심지
: 도시교통을 고려한 광장인 브라이츠샤이드 광장(Breitscheidplatz)과 윌헴 황제 기념교회(Kaiser-Wilhelm-Gedaechtnis-Kirche), 1966

Photo: Landesarchiv Berlin

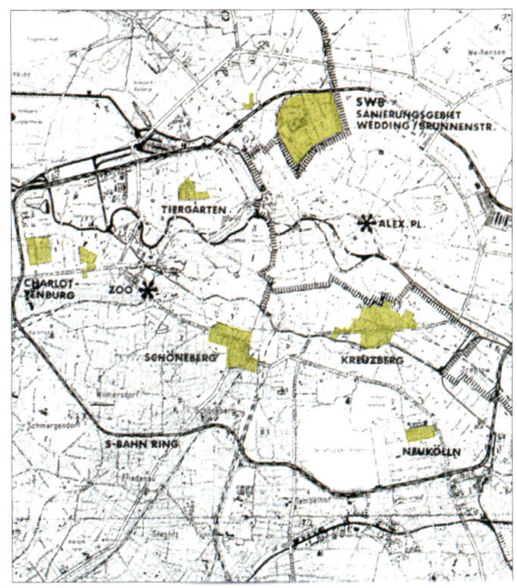

첫 번째 도시재생 프로그램이 실행된 서베를린 지역의 사업구역들, 1963

Source: Stadtbauwelt 18/1968, p. 1338.

3.3 냉전시대의 상징적 세계의 수도 베를린

제2차 세계대전 후 베를린은 전쟁의 책임을 지며 연합국에 의해 강제로 동 · 서 베를린으로 분단되었다. 두 개의 이데올로기 진영으로 하나의 도시가 나누어지고 냉전의 상징적 도시로 국제적인 주목을 받게 된다. 소위 냉전시대의 상징적 수도로써 베를린은 전후 도시재건사업과 더불어 두 개의 이데올로기 진영의 후원을 받으며 도시는 새롭게 구축되게 된다.

현재까지도 잘 보존되어 있는 체크포인트 찰리는 그 당시의 냉전의 급박한 긴장감을 적나라하게 보여주는 상징적 장소가 되었다. 서베를린은 자유민주주의 진영의 정치적

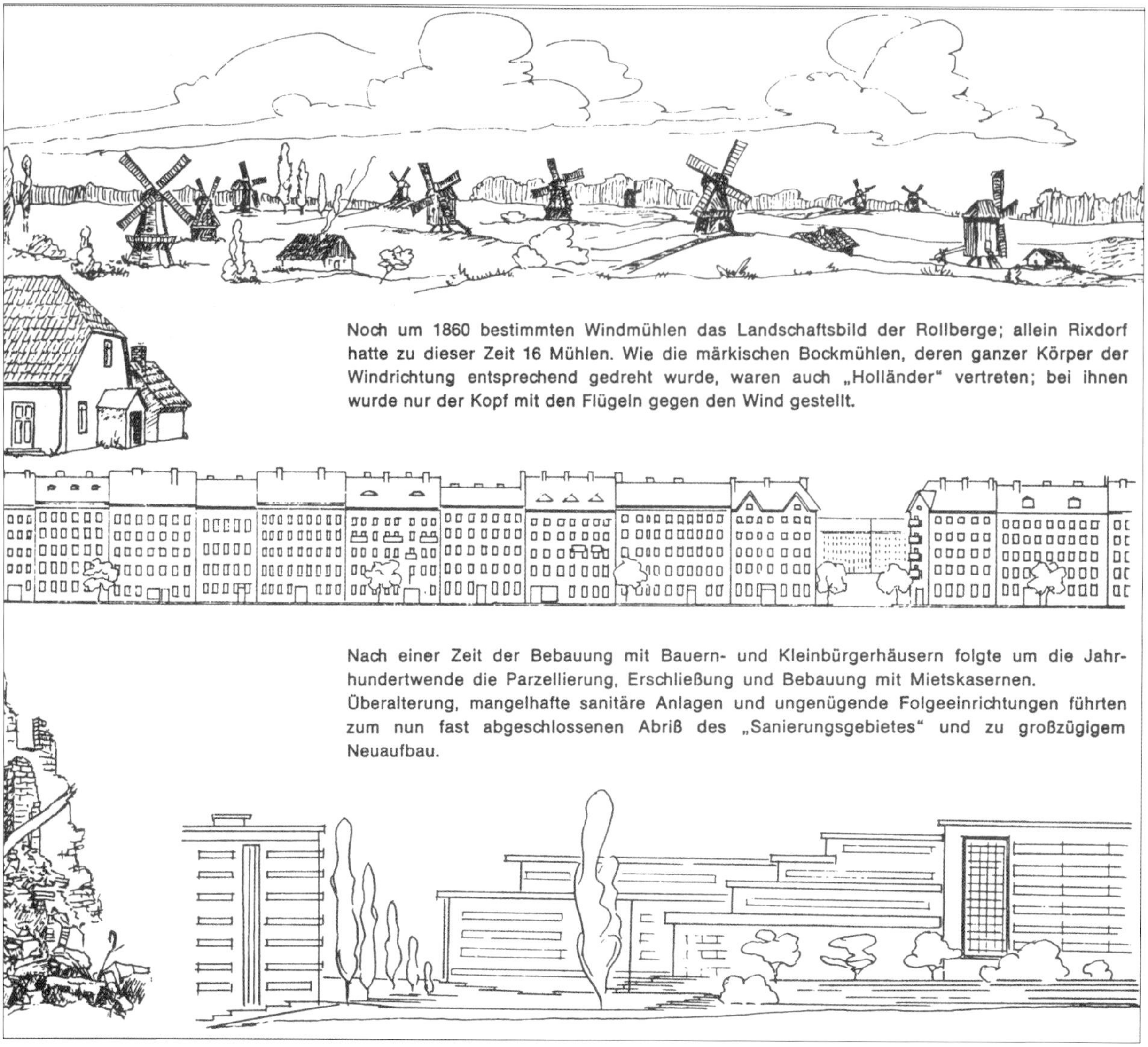

1960년대의 서베를린 지역의 도시재생의 한 단계 진보시킨 것으로 평가받는
도시재생구역 롤베르크구역(Rollbergviertel)

Source: Bezirksamt Neukölln, without year.

서베를린 슈판다우 카페 지들룽(Siedlung An der Kappe in Spandau), 1957

Source: Senator für Bau- und Wohnungswesen (ed.): Auf halbem Wege ... Von der Mietskaserne zum sozialen Wohnungsbau, Berlin 1957.

쇼윈도로, 동베를린은 공산주의 진영의 정치적 쇼윈도로 분단된 두 개의 베를린시는 각 진영의 이념을 홍보하는 도시가 되었으며 서로 경쟁적으로 도시발전을 꾀하게 된다.

제2차 세계대전 이후 진행된 베를린의 도시설계의 핵심적 개념을 살펴보면 동베를린은 소비에트연방공화국(구소련)을 도시발전모델로 삼았으며, 서베를린은 미국을 도시발전모델로 삼았다.

분단된 두 개의 베를린은 전쟁으로 인해 파괴된 각각의 도시 중심지를 재건하기 위한 급진적인 현대화 작업을 시작하고, 두 도시는 경쟁적으로 주택 건설에 박차를 가한다. 제1차 세계대전 후 베를린이 서내도시 베를린을 구축하기 위한 현대화 작업을 통해 적지 않은 변모를 겪었다면 제2차 세계대전 후 베를린의 현대화 작업은 자유민주주의와 공산주의의 정치적 시스템의 우수성을 상대진영에게 과시하고자 한 미국과 소비에트연방공화국의 막대한 자금지원 아래에 동·서 베를린이 서로 경쟁적으로 진행하게 된다.

동베를린의 급진적 현대화 작업은 1950년대 초반까지 진행되었으나, 스탈린식 도시설계를 도입함에 따라 중단되었다. 이 시기에는 비단 동베를린에서만 도시현대화 계획이 중단된 것이 아니라, 동유럽의 다른 도시들, 특히 각 나라 수도의 전후 복구 사업에서도 이러한 현상은 나타난다. 동유럽의 공산주의 진영은 모스크바 도시설계

서베를린 슈판다우 카페 지들룽의 계획안, 1950년대의 전형적인 지들룽의 배치형태를 보여줌

Source: Senator für Bau- und Wohnungswesen (ed.): Auf halbem Wege ... Von der Mietskaserne zum sozialen Wohnungsbau, Berlin 1957.

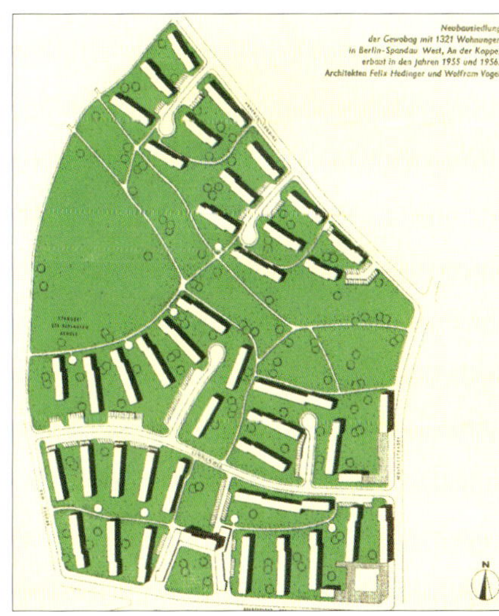

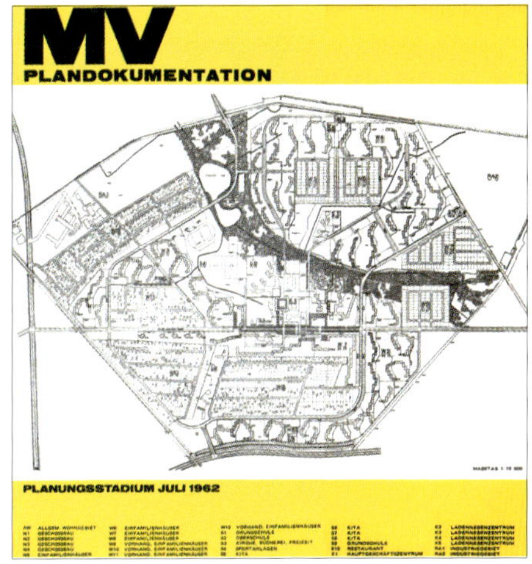

서베를린 메르키쉐 구역 지들룽 연구계획안, 1962년 7월

Source: MV Plandokumentation: Märkisches Viertel, Berlin 1972.

서베를린 북부지역의 메르키쉐 구역 지들룽(Das Maerkische Viertel), 2009

Photo by Philipp Meuser

개념을 도시현대화 계획의 모범으로 삼고 도입하였으며, 모스크바의 계획원칙에 따라 도시를 변모시키고자 하였다. 1935년 계획된 스탈린식 도시계획은 도시의 중심지에 새로운 사회주의적 중심지를 건설하는 것을 주요한 원칙으로 삼았으며 기존의 전통적 도시구조를 거부하고 기념비적 도시공간을 구축하는 것이다.

동베를린에서는 스탈린식 도시설계를 도입하여 새로운 도시중심가인 스탈린 가(Stalinallee 1952-1958, 1961년부터 칼마르크스 가로 개명)가 건설되었다. 알도 로시(Aldo Rossi)는 이 스탈린가를 위대한 도시설계 프로젝트로 칭송하기도 하였다. 또한 화려한 가로수 길인 운터 덴 린덴(Unter dem Linden)의 재건은 동베를린이 추구한 기념비적 도시공간 구축의 상징이 되었으며, 제2차 세계대전 후 독일의 전후복구사업의 상징적 사업으로 평가받고 있다.

그러나 1950년 후반부터 이러한 도시설계의 흐름은 변화하게 된다. 새로운 도시 발전의 목적은 도심지에 새로운 도시질서를 부여하는 것이었다. 이 과정에서 중세시대에 조성된 옛 도시구조 평면은 점점 더 사라졌고, 오늘날 동베를린 지역의 상징적 도시질서를 부여하는 알렉산더 광장이 1960년 후반부터 1970년 초까지 건설된다.

서베를린 지역도 옛 베를린의 서부지역의 도심지를 중심으로 복구사업의 일환으로 도시 현대화 작업을 급진적으로 진행하였다. 이로 인해 제1차 세계대전 전부터 서서히 사라져 갔던 로마네스크 양식의 도시경관들은 점점 더 흔적을 찾아볼 수 없을 정도가 되었다. 로마네스크 양식의 도시경관을 간직하고 있던 도시공간들은 도시기반시설 구축을 위한 장소로 이용되었다.

로마네스크 양식의 도시경관 파괴의 현장을 극명하게 보여준 것이 카이저 빌헬름 황제 기념교회 첨탑(Kaiser-Wilhelm-Gedaechtnis-Kirche)이다. 로마네스크 양식으로 지어진 빌헬름 황제 기념교회는 제2차 세계대전 중에 연합국의 베를린 공습으로 인하여 첨탑의 일부분만을 남긴 채 파괴된 상태였다. 서베를린 지역 도심의 광장에 우뚝 솟아 전쟁의 처참한 현장을 여실히 보여주는 파괴된 첨탑은 1950년대와 60년대에 진행된 도시 현대화 작업에서 철거될 예정이었다. 그러나 서베를린 시민들의 강력한 항의로 인하여 첨탑을 보존하게 된다.

이 시기의 베를린 도시변화를 임대주택도시의 관점에서 살펴보면, 동베를린 지역에 분포되어 있던 기존의 임대주택 밀집지역의 상당부분이 철거되었다. 동베를린과 달리 서베를린은 임대주거단지의 철거 대신에 재개발을 진행하게 된다. 기존 임대주거단지 재개발의 중심이 된 지역이 한자구역(Hansaviertel)의 주거단지이다. 1963년 이후로 이 지역은 기존 임대주택의 비위생적 주거환경을 개선하기 위한 막대한 국가보조금이 투입되어 저소득층을 위한 사회복지형 주거단지들이 속속 건설되었다.

당시의 서베를린의 도시계획이 지향하는 목표는 고밀도화된 도시의 체격을 철저하고 급진적으로 감량과 감축하는 것이었으며, 복합된 도시의 기능을 분산 하고 재배치 하는 것이었다. 이 과정에서 나타난 문제는 오랫동안 형성된 전통적인 도시 경관이나 도시평면구조의 보존은 전혀 고려하지 않았다는 것이다. 유럽의 도시계획의 전통이라 할 수 있는 회랑과 광장을 둘러싼 건물의 배치양식을 철저히 배제하였으며 심지어 기존의 도시질서에 대하여 현대시대에 뒤쳐진 저급한 도시 계획안으로 간주하고 새로운 도시질서를 형성하고자 미국식 도시계획을 받아드리게 된다. 이러한 결과로 건설된 것이 베를린 도심내부를 순환하는 도시고속화도로다. 1970년대까지 도시재개발 사업 정책은 지속적으로 추진되었으나, 막대한 재개발 비용의 상승과 강력한 주민들의 반대여론에 부딪쳐 이 사업은 중단의 위기에 봉착하게 된다.

전후 동・서 베를린의 분단이 가져온 베를린의 변모는 19세기에 형성된 복합도시 베를린의 외곽지역에서도 찾아볼 수 있다. 우선적으로 눈여겨봐야 하는 변화는 베를린 근교지역에 수없이 많은 사회복지형 주거단지들이 세워졌다는 점이다. 사회복지형 주거단지들은 처음에는 서베를린 지역을 중심으로 주로 건설되었으나, 이후에는 동베를린 지역에서도 건설되기 시작하였다. 동・서 베를린으로 분단되어 있던 이 시기에 진행된 베를린 외곽지역의 사회복지형 주거단지 건설을 베를린 도시계획에 있어 위성도시화의 세 번째 단계로 명명할 수 있다. 냉전시대에 동・서 지역으로 분단된 베를린이 처한 특별한 정치적 상황 속에서 베를린 외곽지역에 전원주택을 건설한다는 것은 많은 제약이 따르기 때문에, 상대적으로 비용이 저렴하고 많은 거주민을 수용할 수 있는 블록형 아파트로 구축된 사회복지형 주거단지들을 베를린 외곽지역에 건설하는 것이 효과적일 수밖에 없었다.

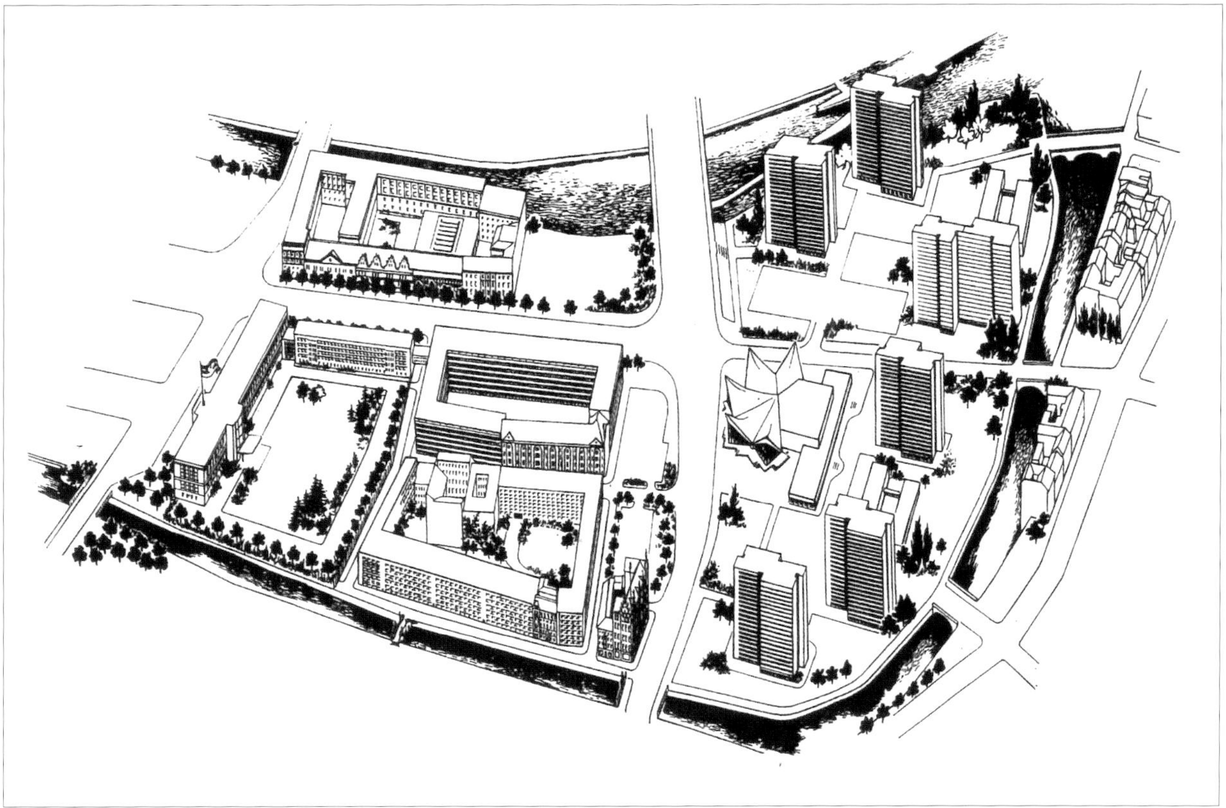

1970년대 후반에 동베를린 어부섬 구역(Fischerinsel)에 세워진 새로운 고층아파트

Source: Volk, Waltraud: Berlin. Hauptstadt der DDR. Historische Straßen und Plätze heute, Berlin 1975, p. 141.

대규모 주거단지 마르찬(Marzahn)의 고층아파트, 1995

Photo by Philipp Meuser

1955년부터 1956년까지 건설된 서베를린의 서부지역의 슈판다우 카페 지들룽(Siedlung-대규모 주거단지)이 1950년대에 세워진 서베를린 지역의 복지형 주거단지의 대표적인 예이다.

카페(Kappe) 지들룽은 4층 규모의 주거동으로 구성된 열형축조방식의 주거단지로, 충분한 인동간격을 가지도록 주거동이 배치되어 있고, 건물과 건물 사이 공간에 쾌적한 도시정원을 형성하고 있다. 도시정원은 입주민들에게 분양하여 정원을 가꾸도록 하였다. 주거단지 안에는 작은 마트가 있고, 대중교통의 편리함을 위해 베를린의 도심지와는 전철로 연결되어 있다. 이 주거단지의 건축적 특징은 주거단지를 계획함에 있어 흔히 보일 수 있는 건축가의 공명심이나 야망을 분출하고자 한 의도가 전혀 보이지 않는다는 점이다. 그리고 그 당시의 시대적 요구였던 사회적 평등을 주거단지 계획에 어떻게 반영할 것인가에 대한 건축적 해결에 초점을 맞춘 점이다.

당시의 시대적 분위기에서 카페 지들룽과 같은 사회복지형 주거단지로 이사를 간다는 사실은 사회적 신분의 상승을 의미하는 것과 다름이 없었다. 왜냐하면 기존의 주거단지들의 대부분은 19세기 후반에 노동자 계급의 주거구역에 지어진 주택으로써 불량한 위생상태와 열악한 주거환경에 처해 있었기 때문이다. 이로 인하여 카페 지들룽과 같이 새롭게 건설된 사회복지형 주거단지는 상대적으로 월등한 수준의 주거환경을 제공해 주는 것이 되었다.

마르잔 난지 안의 어린이 놀이터, 1985

Photo: Bildarchiv Preußischer Kulturbesitz/Gerhard Kiesling

사회복지형 주거단지 건설의 붐은 1960년대에도 계속되었다. 서유럽의 다른 도시들처럼 서베를린에서도 도심지와 점점 더 멀리 떨어진 근교 외곽지역으로 사회복지형 주거단지가 건설되고 확장되어 갔다. 1960년대에 건설된 사회복지형 주거단지들은 1950년대의 사회복지형 주거단지와 비교하여 규모면에서 월등하게 큰 대규모 주거단지였다. 1960년대에 건설된 사회복지형 대규모 주거단지의 대표적인 예로 서베를린 북부지역에 건설된 메르키셰(Maerkisches Viertel) 구역 지들룽(1963-1974)을 들 수 있다.

메르키셰구역 지들룽은 고층아파트들로 구성되었다. 계획 초기단계에는 입주민들의 복지서비스를 제공하는 공공시설과 쾌적한 환경을 조성하는 공적 공간이 불충분하게 계획되어 복지형 주거단지로서 사회적 기대에 전혀 부응하지 못하고 있다는 비판이 쏟아졌으나, 근교지역에 위치한 주거단지임에도 불구하고 대중교통시설이 잘 구축되어 있어 도심지와의 원활한 연결을 이루고 있다는 점은 긍정적인 면이다.

1950년대에 있어서 사회복지형 주거단지로 이주하는 것은 사회적 신분상승의 의미가 있었으나, 1960년대에는 더 이상 그러한 가치를 주지 못했다. 1960년대의 대규모 주거단지로 이주한 대부분의 입주민들은 기존의 거주지역에 재개발사업이 진행됨에 따라 반강제적으로 이주하였기 때문이다. 이러한 배경에서 구축된 메르키셰 구역 지들룽은 오늘날 베를린의 심각한 사회적 문제인 사회계층간의 갈등과 분열의 진원지로 지목되고 있으며 긴급히 도시재생사업이 실행되어야 할 구역으로 간주되고 있다.

동베를린 지역은 서베를린 지역과 달리 도심지에 사회복지형 주거단지들을 건설하였다. 대표적인 예로 1967년부터 소위 '어부섬(Fischerinsel)'이라 불리는 피셔인젤 단지를 들 수 있다. 이 단지는 고층아파트들이 퍼레이드를 하듯이 일렬로 배치되어 있다. 고층아파트를 건설하기 위해 이 지역에 있던 베를린의 산업화 이전에 세워진 옛 주택들은(물론 동베를린 지역의 상당수의 옛 주택들은 제2차 세계대전 당시의 연합군의 공중폭격으로 인하여 많은 피해를 입기는 하였지만, 철거해야 할 정도로 완전하게 파괴되지는 않았다.) 철거되었으며 고층 아파트와 아파트 사이의 무의미한 공간들로 인하여 기존의 베를린이 가지고 있던 도시경관은 사라지게 되는 부작용이 나타났다. 이 구역의 북쪽의 고층아파트 지역은 원래 중세시대의 베를린의 도시기원이라 불리는 쾰른 도시의 중앙도로와 중앙광장이 있었던 지역이지만, 전후복구 사업으로 그 흔적은 사라지고 넓은 고속도로가 건설되었다.

동베를린의 사회복지형 대규모 주거단지 건설은 서베를린보다 훨씬 늦은 1970년대 중반부터 시작되었다. 철근콘크리트 조립식 대형 패널 축조 방식으로 세워진 동베를린의 첫 번째 사회복지형 대규모 주거단지는 마르찬(Marzahn, 1975)이었다. 이 주거단지는 동시대의 다른 주거단지와 비교하여 동베를린뿐만 아니라 동독 전지역에서 가장 큰 규모의 주거단지였다. 이 뒤를 이어 호헨쇤하우젠(Hohenachoenhausen) 단지와 헬러스도르프(Hellersdorf) 단지가 건설되었다. 물론 이 주거단지들은 동베를린의 도심지와는 멀리 떨어진 근교 외곽지역에 건설되었고 대중교통으로 잘 연결되어 있었다.

이 두 개의 주거단지들에서 엿볼 수 있는 것은 사회복지형 주거단지 구축을 위한 도시계획의 변화는 기존의 도시계획에서 미미한 변화가 시작되었다는 점이다. 철근콘크리트 조립식 대형 패널 축조 방식으로 주거공간을 대량생산하는 방식과 규격화되고 합리화된 평면을 구축하는 방식은 그대로 유지되었다. 단지, 주거공간의 크기에 변화를 주어 천편일률적으로 동일한 크기의 주거공간을 제공하지 않고 다양한 크기의 주거공간을 제공하는 방식으로 변화를 주기 시작하였다. 철근콘크리트 조립시 대형 패널 축조방식으로 지어진 고층아파트 사이의 공적공간들에 대한 계획은 공기단축의 이유로 등한시 되었다.

동베를린 지역에서는 여전히 1950년대와 마찬가지로 사회복지형 주거단지로의 이주가 사회적 신분의 상승을 의미하였다. 왜냐하면 상당수의 동베를린 지역의 시민들은 제1차 세계대전 전에 지어진 주택에 거주하며 노후화되고 비위생적인 주거환경에 노출되어 있었기 때문이다.

1980년대 들어 동・서 베를린의 양쪽 진영에서 사회복지형 대규모 주거단지에 대한 의미있는 변화의 물결이 도래하게 된다. 1980년대 전까지 주로 도시 외곽지역에 건설되던 대규모 주거단지가 도심지에도 계획되기 시작한 것이다. 이는 그동안 중단되어 있던 도심지에 주거공간을 공급하는 계획에 대한 재시작을 알리는 것이었으며 도심지를 매력적인 주거공간으로 재구성하고자 한 시도라고 할 수 있다.

1960년대부터 경쟁적으로 진행된 동・서 베를린의 대규모 주거단지 건설은 도시 외곽지역 개발에 관한 새로운 유럽식 도시계획의 토대를 만들었다는 것에 의의가 있으며 이를 실용적 근교도시화 계획이라 명명할 수 있다. 즉, 근대적 도시계획에서의 근교 위성도시의 탄생이라는 시각으로 의미를 부여할 수 있을 것이다.

블록118(Block 118)의 도시재생 구역 베를린 샬롯텐부르크(Charlottenburg)와 크라우젠너 광장(Klausener Platz)

Source: Berliner Baubilanz '78.

근교 위성도시는 프랑스, 영국 등 자유민주주의 진영뿐만 아니라 동유럽의 공산주의 진영 국가들에서도 규모있게 계획되어 건설되었다. 무엇보다도 동·서 베를린이야말로 의심할 여지없이 대규모 주거단지 계획을 통한 위성도시 구축의 대표적인 예로써 유럽도시계획 역사에 있어 중요한 부분을 차지하고 있다고 할 수 있겠다.

당시로써는 획기적인 근교도시 구축의 중요한 축으로 작용한 대규모 주거단지 계획이었지만 도시계획적 관점에서 1970년대 이전에 세워진 대규모 주거단지 계획안을 다시 한번 살펴보면 현재의 유럽의 도시들에서 야기되고 있는 수많은 도시사회의 문제들이 1970년대 이전에 건설된 외곽지역의 대규모 주거단지에서 표출되고 있다는 점은 부정할 수 없는 현실이다.

4. 베를린의 과거와 미래

1970년대의 서베를린은 사회적 분쟁과 계층 간의 갈등이 가장 극에 치닫던 시기였을 뿐만 아니라, 베를린 도시발전을 위한 논쟁이 가장 활발하게 진행되었던 시기였다. 이 논쟁의 중심에는 '베를린 도시개발의 과거에 대한 성찰과 미래에 대한 비전을 어떻게 정립하고 이끌어 나갈 것인가?'에 대한 의문이 자리 잡고 있었다. 이로 인하여 전후 복구 사업으로 진척되었던 현대건축운동의 도시화 작업의 성과에 대한 회의론이 제기되었고 도시화작업은 중단되게 된다.

크로이츠베르크 주민협의회의 SO36의 첫 번째 전단지
- 주제 "주택점거"

Source: Bodenschatz, Harald: Platz frei für das neue Berlin! Berlin 1987, p. 200.

1970년대 이전의 베를린 도시계획이 가져다 준 도시변화는 전쟁의 폐허 속에 사라져 간 도시의 모습을 새롭게 찾고자 한 전후복구 사업의 일환으로 진행된 것으로 불가피한 선택이었으며 급진적으로 사업이 진행된 것임을 부정할 수는 없다. 그러나 1970년대 이후의 베를린 도시계획은 전쟁과 같은 외부적 요인에 의해 진행된 것이 아니며 과거의 도시계획에 대한 자기 성찰적 비판을 바탕으로 한 능동적 변화의 시작이다.

4.1 현대건축운동의 도시화 작업과의 이별

1970년대 서베를린에서 야기된 사회적 분쟁과 계층 간의 갈등은 대규모 주거 단지인 메르키셰 구역(Maerkischer Viertel)에서 가장 두드러지게 표면화되어 사회적 이슈로 분출되어 나타났다. 계층 간의 갈등에 대한 논쟁은 도시재개발 사업구역인 크로이츠베르크(Kreuzberg)까지 확산되게 된다. 주민협의회와 전문가 집단은 도시재개발로 인하여 저렴한 임대주택들이 철거되는 것에 반대하였고 19세기 후반의 베를린의 도시구조 모습으로 다시 도시가 재생되도록 도시재개발 사업의 방향이 선회되어야 한다고 주장하였다.

이러한 주장이 제기될 수 있었던 것은 1975년에 유럽 전역에서 불기 시작한 '우리 과거를 위한 미래'라는 구호 아래 사회적 운동이 큰 역할을 하였기 때문이며, 이 시기는 이른바 도시재개발에 대한 비평적 시기로 불리게 된다. 서베를린의 어떠한 공식적인 정부기관도 이 사회적 운동에 참여하지는 않았으나, 개혁적인 시민 단체들을 중심으로 활발하게 동참하였다.

당시에 블록118(Block 118)이라 불리는 전문가 집단으로 구성된 국제적인 단체가 서베를린을 공식적으로 방문하고, 그들의 연구 성과에 대한 발표를 하였다. 그들은 서베를린의 샬롯텐부르크 슈타트구역(Charlottenburg Stadtviertel)을 도시재생 구역으로 선정하고 도시재생 프로젝트를 실시하였다. 그들의 연구 결과는 샬롯텐부르크 구역 내에 19세기 후반에 지어진 건축물로 채워진 도시블록 안에 전통적 건물들의 철거 없이도 도시가 새롭고 활력 넘치는 공간으로 재생될 수 있음을 입증하였다. 그들의 연구결과물은 '신중하고 주의 깊은 도시재생(Behutsame Stadterneuerung)'이라는 명칭으로 불리게 된다. 블록118의 연구결과 발표 후 서베를린은 정치가, 공무원, 부동산개발회사, 시민단체, 전문가 집단 그리고 정치적 이해집단들 간의 격렬한 논쟁에 휩싸이게 되고 이 발표 안을 두고 이해관계에 따라 대립하기 시작하였다. 블록118의 연구에 있어 주도적 역할을 한 건축가가 할트 발트 해머(Hardt-Waltherr Haemer)이다. 그는 서베를린에서 시작된 '신중하고 주의 깊은 도시재생'의 선구자일 뿐만 아니라, 1980년대에 서베를린에서 열린 베를린 국제 건축 박람회(IBA Berlin)의 초대 디렉터로 베를린에서 시작된 '신중하고 주의 깊은 도시재생' 프로젝트를 진두지휘하였다.

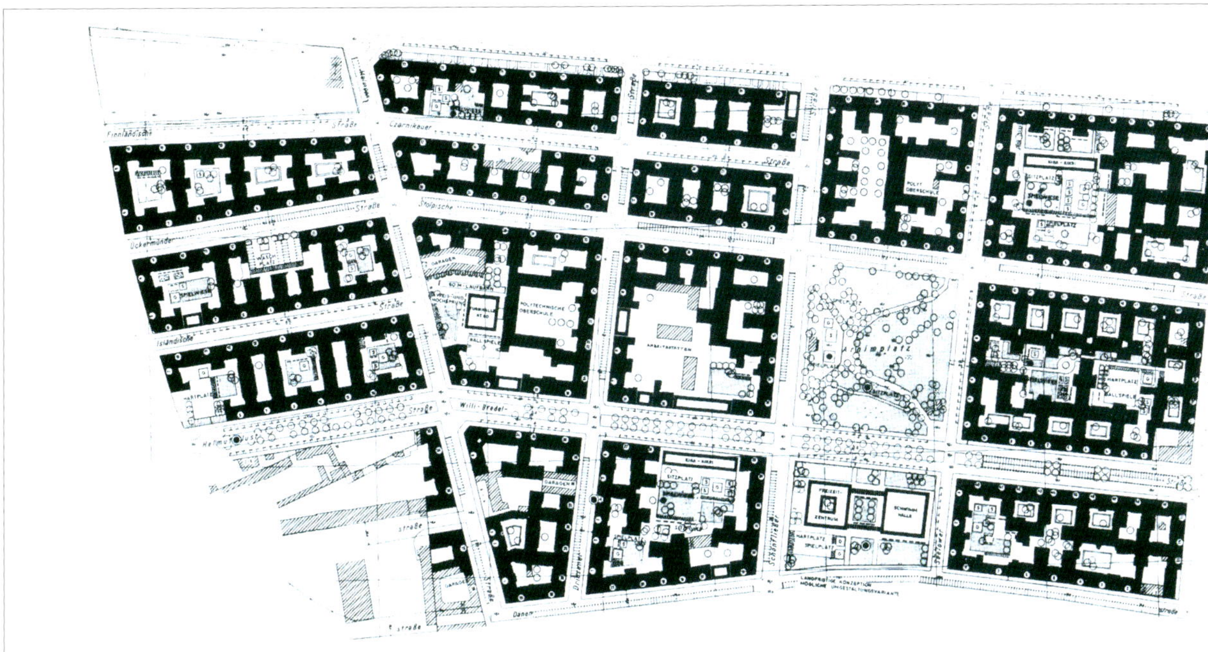

동베를린 프렌츠라우어베르크(Prenzlauer Berg) 구역의 아르님프라츠(Arnimplatz) 도시재개발 구역

Source: deutsche architektur, 6/1973, p. 357.

'신중하고 주의 깊은 도시재생'의 구호 아래 몇몇 전문가들을 중심으로 역사적 도시공간에 대한 도시재생의 연구가 이루어지게 된다. 그들의 연구 목적은 임대주택으로 채워진 베를린 도시공간의 주거환경의 질을 향상하고, 기존의 도시재개발이 야기한 도시문제에 대한 의문을 제기하며 그에 대한 대안을 제시하는 것이었다. 이러한 도시재생에 대한 활발한 연구는 도시공간의 공적공간의 질적 향상을 가져다수는 성과를 보였디.

역사적 도시공간의 도시재생의 연구에 있어 중요한 역할을 한 사람이 요셉 바울 클라이후스(Josef Paul Kleihues)이다. 그는 도시평면의 비판적 재건을 주장한 선구자였으며 할트 발트 해머의 뒤를 이어 1980년대의 베를린 국제 박람회의 디렉터로 선임되어 '신중하고 주의 깊은 도시재생' 사업을 이끌게 된다.

1975년의 유럽 전역에서 일어난 사회적 운동 '우리 과거를 위한 미래'에 있어 서베를린은 분명히 선구자적인 역할을 하지 못했다. 당시의 유럽의 다른 도시들, 특히 이탈리아 북부지역의 도시인 보로그나(Bologna)는 이 운동의 확산에 있이시 베를린보다 더 중요한 획을 굿고 두드러진 역할을 하였다고 평가받고 있다. 보로그나 도시는 18세기 유럽의 산업혁명 이전의 도시모습을 간직하고 있는 도시로써 전통적 도시 보존의 가치를 인정받아 도시 전체가 하나의 문화유산으로 지정되어 있다. 보로그나 도시를 문화유산으로 지정하고 전통적 도시모습의 보존하고자 한 시도는

페이지 74/75:
티어가르텐(Tiergarten)에서 크루이츠베르크(Kreuzberg)에 이르는 국제건축박람회(IBA) 프로젝트 구역 : 빨간색은 프로젝트 대상지역, 노란색은 기존 도로망 변경지역, 녹색은 공원녹지계획지역을 나타냄

Source: Internationale Bauausstellung Berlin 1987, Project Report, Berlin 1991.

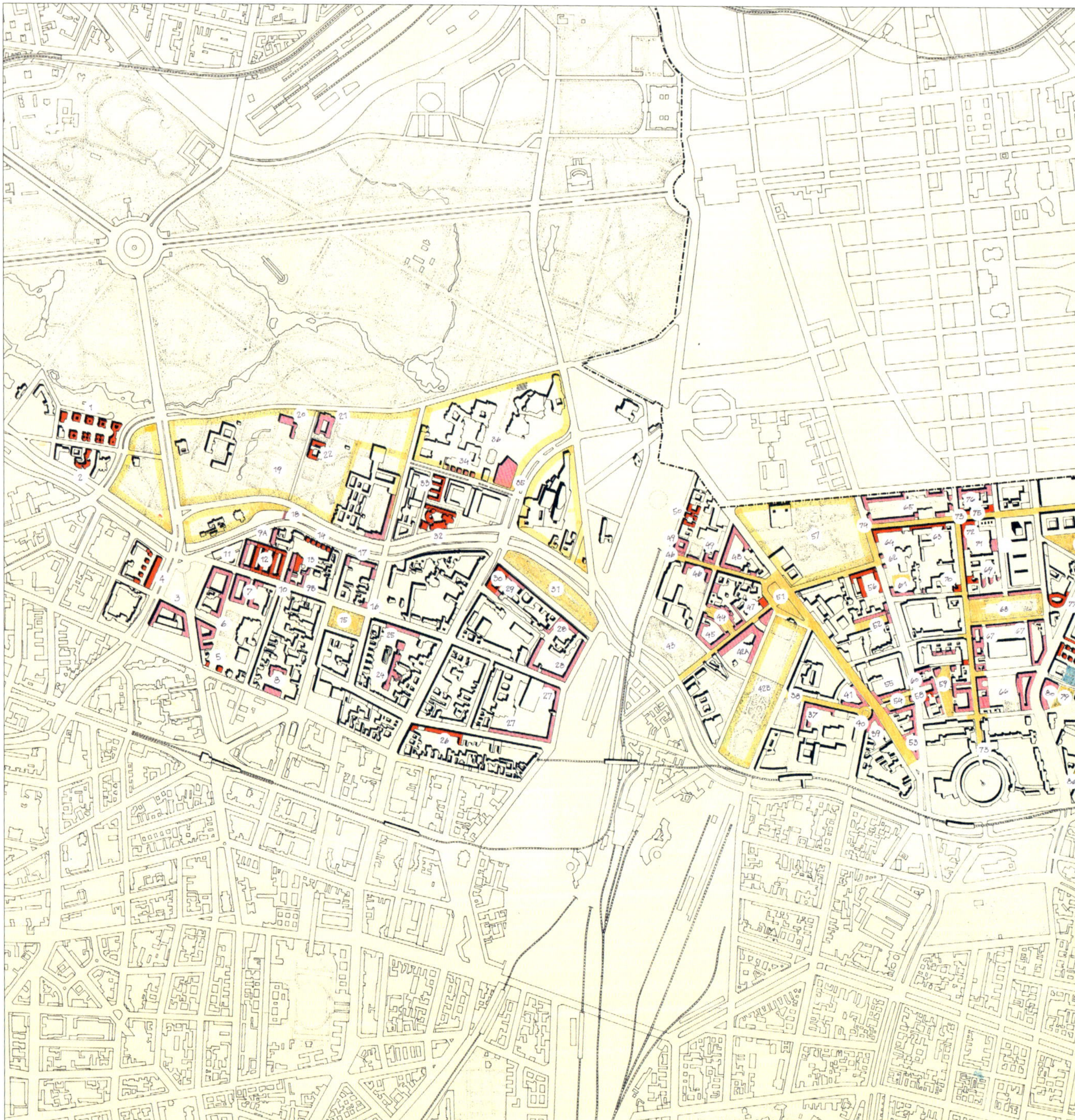

76

전후 유럽도시의 불가피한 선택이었던 현대건축운동의 도시화작업이 더 이상 진행되어서는 안 된다는 선포적 의미가 담겨 있다.

보로그나 이외에도 암스테르담 그리고 소비에트연방공화국의 정치적 영향 아래 놓여있던 폴란드의 도시인 크라카우에서도 산업화 이전의 도시모습을 회복하고 전통적인 유럽도시의 본 모습을 보존하고자 하는 시도들이 진행되었으며 이를 두고 치열한 논쟁이 펼쳐지게 된다.

역사적 흔적을 보존하고자 한 시대적 각성이 유럽 전역에서 불어 1970년대 후반, 서베를린에서도 19세기 후반의 베를린의 모습을 회복하고 보존하기 위한 열띤 논쟁들이 벌어진다. 이 논쟁은 결과적으로 서베를린에서 진행된 '신중하고 주의깊은 도시재생'에 대한 두 가지의 국제적인 명성을 가져다주게 된다. 첫 번째는 블록118의 도시재생 연구인 역사적 도시공간을 보존하며 전통적인 도시경관의 회복을 통한 도시재생의 확장이 국제적으로 주목을 받게 된 것이다. 두 번째는, 합법적으로 만연하게 유럽 전역에서 진행된 파괴적 도시재개발 사업에 대한 의문을 제기하고 새로운 대안으로 '도시재생'을 제안함으로써 분단된 반쪽 도시 베를린이 건축・도시설계 분야에 있어 새로운 실험적 도시설계의 장이 되었다는 점이다.

이와 같은 두 가지 점에서 1970년 후반은 서베를린에게 있어 건축・도시설계 분야에서 국제적인 명성을 가져다준 중요한 시기였을 뿐만 아니라, 도시공간의 역사적 흔적에 대한 회복과 보존이라는 새로운 도시재생의 패러다임을 국제적으로 제시한 중요한 시기임에 틀림없다.

동베를린에서도 전문가 집단 사이에서 19세기 후반 베를린의 모습을 기억시키고 보존하고자 하는 새로운 도시설계적 가치를 부여하고자 한 논쟁은 있었으나, 서베를린과 비교할 정도로 사회적인 열띤 논쟁은 펼쳐지지 않았다. 동베를린에서 런던, 암스테르담 그리고 서베를린과 같은 서유럽 도시에서 보여준 도시의 역사성을 회복하고 보존하고자 한 흔적을 찾아보다면, 동베를린의 임대주거지역인 미트카제느넨구역(Mietkasernenvierteln)에서 간접적으로나마 그 흔적을 발견할 수 있다. 미트카제느넨 구역은 오래되어 낙후된 건물에 대한 물리적 개선작업이 1970년 초에 제한적으로 실행되었고, 이것은 기존에 지행되었던 파괴적인 재개발에서 탈피한 새로운 대안이었다. 이러한 도시설계의 변화의 대표적인 예로써 프렌츠라우어베르크 구역(Prenzlauer Berg)의 아르님프라츠(Arnimplatz) 개선사업을 들 수 있다. 이 개선사업의 특징은 파괴적 철거를 최소화하고 주거 블록 사이사이에 새로운 공용도로를 신설하는 것이다. 당시의 이 프로젝트는 서베를린에서 일어난 '신중하고 주의깊은 도시재생'에 대하여 동베를린에서도 반응하고 있고 흥미와 교감을 가지고 있음을 보여준 사례라 할 수 있다. 물론 아르님프라츠 프로젝트와 같은 개선사업은 동베를린에서 극히 드문 예외적인 경우로 동베를린에서는 여전히 낙후된 임대주택들을 파괴적으로 철거하고 있었으며 공동공간 개선에 대한 투자는 미미한 수준이었다.

페이지 76:
남부 프리드리히슈타트(Friedrichstadt)와 남부 티어가르텐 구역(Tiergartenviertel)의 국제건축박람회의 도시계획안-요셉 바울 클라이후스(Josef Paul)

Source: Senator für Bau- und Wohnungswesen (ed.)/ Zwoch, Felix: Idee, Prozeß, Ergebnis. Die Reparatur und Rekonstruktion der Stadt, Berlin 1984.

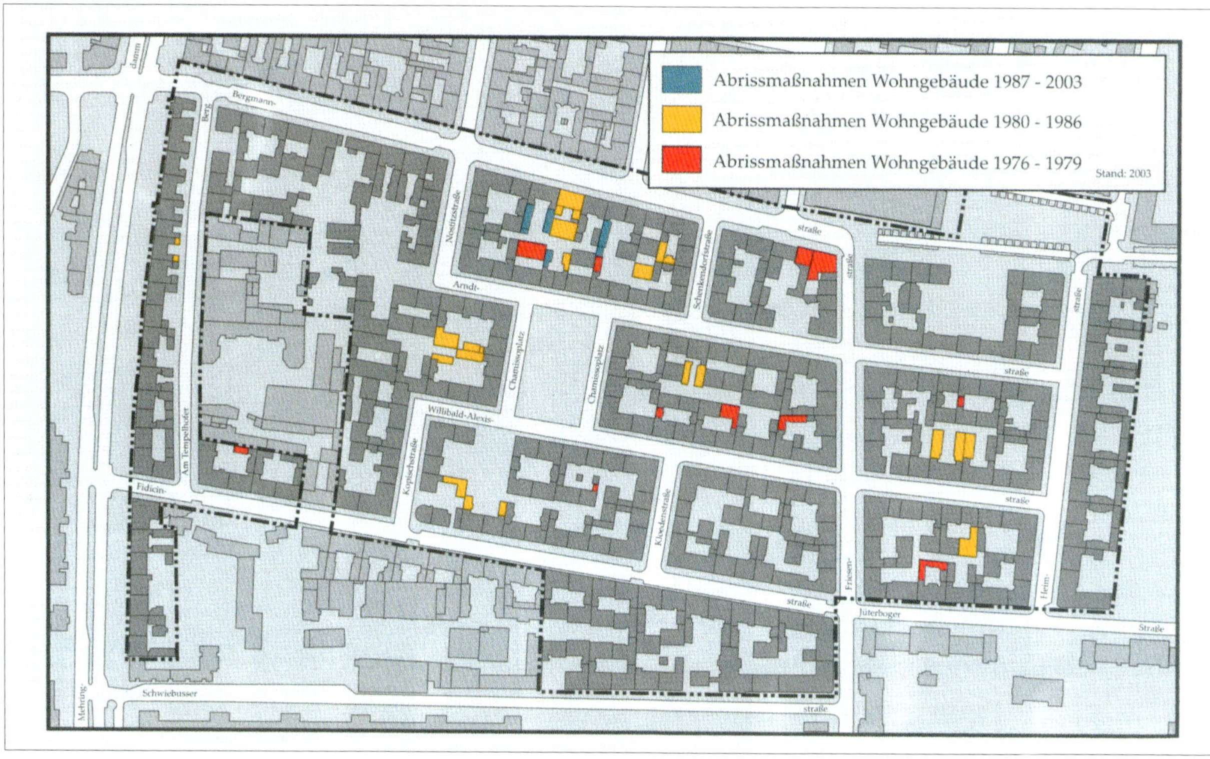

페이지 78:
도시재생구역 샤미쏘광장(Chamissoplatz): 주택철거가 완료된 구역 표시(빨강색: 1976-1979 철거, 노랑색: 1980-1986 철거, 녹색: 1987-2003 철거)

Source: Bremer Alf et. al.: Kreuzberg Chamissoplatz. Geschichte eines Berliner Sanierungsgebietes, Berlin 2007, p. 104.

페이지 79:
도시재생 사업 후의 크로이츠베르크(Kreuzberg) 서부의 샤미쏘광장(Chamissoplatz), 2009

페이지 80:
공화국 의회 뒤편의 새로운 니콜라이 구역(Nikolaiviertel), 2006

Photos by Philipp Meuser

1970년대 서베를린에서 일어난 역사적 도시공간의 파괴적 철거에 대한 시민들의 의식 변화와 전문가 집단의 저항은 현대건축의 도시화 계획이 종단에 다다랐음을 보여주는 징표가 되었으며, 유럽의 도시들, 특히 베를린이 새로운 도시설계 '도시재생'의 단계로 한 단계 진보하고 있음을 보여주는 것이다.

1970년대의 베를린 도시설계 패러다임의 변화로 인하여 사회적 주택경제기업들은 뜻하지 않은 몰락의 길로 걷게 된다. 사회적 주택경제기업들은 종전 후 전후복구사업의 주택건설 및 공급에 중요한 역할을 하였으며 시의회 여당과 긴밀한 관계를 유지하며 서베를린의 도시개발사업을 주도적으로 이끌었다.

대표적인 도시개발 사업이 1950, 60년대의 교외지역의 사회복지형 대규모 주거단지 사업이었으며, 그들은 도심재개발사업에도 깊게 관여하고 있었다. 그들이야 말로 현대건축운동의 도시화작업의 산물이었다. 무엇보다도 그들은 정치집단과의 긴밀한 협력과 베를린 시정부의 지원 아래 1970년대에 새롭게 부상한 도시설계의 신질서에 대하여 강력 하게 저항하였다. 1970년대 들어 그들이 주도하던 도시재개발사업이 급격히 줄어 들었음에도 불구하고, 그들은 여전히 기존방식의 도시재개발정책에 대한 믿음을 굳게 유지하였다. 이로 인하여 1980년대 초에

들어서는 베를린 도시설계의 구질서와 신질서 간의 갈등이 정점에 닿아 사회적 갈등으로 번지기 시작하였다. 베를린의 많은 지식인들은 기존의 파괴적 도시재개발이 자행되던 구질서에 저항하며 신질서를 지지하였다.

지식인들의 구질서 저항운동은 기존에 합법적으로 자행된 파괴적 도시재개발의 종말을 알리는 것이었으며, 이러한 저항운동에 힘입어 노후화된 건물에 자행되던 무자비한 철거는 중단되고 기존의 파괴적 도시재개발사업 정책은 새로운 방향으로 수정되었다.

도시설계의 신질서에 발맞춰 도시정책을 재수립하는 것은 새로운 기초 아래서 다시 시작해야 하는 것이므로 극단적이고 혼란스러운 변화들이 뒤따를 수밖에 없다. 민간 주택건설기업들의 경영진들은 도시설계의 신질서에 이끌려 수립된 새로운 도시정책의 건축적 시도에 대하여 기본적 신뢰를 가지지 못하고 있는 상황이었다. 이러한 문제의 대두 아래 도시정책을 집행하던 기존의 시정부기관과 다른 도시설계의 신질서에 적합한 새로운 종류의 특별기관의 설립의 필요성이 제기되었다.

도시설계의 신질서는 새로운 신뢰 아래에서만 형성될 수 있다는 믿음이 생기게 되었으며, 이 믿음은 바로 'IBA Berlin'라고 흔히 불리는 베를린 국제건축박람회의 탄생 배경이 되었다.

베를린 건축박람회는 도시설계의 신질서 구축을 위한 중대한 2가지의 과제를 갖고 있었다. 첫 번째는, 파괴적인 도시재개발사업의 새로운 대안으로 받아들인 '신중하고 주의 깊은 도시재생정책'을 발전시키는 것이었다. 두 번째는 현대건축운동의 도시화 작업에 대한 명백하고 새로운 대안을 제시하고 신축건물에 적용하여 보편적 도시 정책으로 발전시키는 것이었다. 이 두 가지의 과제는 1970년대의 도시개혁자들이 주장하였던 내용과 명백하게 일치한 것이었다.

발트 해머와 요셉 바울 클라이후스는 IBA의 디렉터로 1980년대의 국제건축 박람회의 성공을 이끌었다. 이 두 사람은 IBA를 통해 베를린이 새로운 도시설계로의 전환이 성공적으로 이루어질 수 있도록 도시설계의 신질서를 진두지휘하였다. 또한 도시설계가 전문가들만의 영역이 아니라 사회적 차원으로 지역주민들이 도시재생 사업의 결정에 참여하고 능동적으로 삶의 장소를 변화시킬 수 있다는 사실을 확인 시켜주었으며 이는 주민참여형 도시재생의 구축에 긍정적인 영향을 주었다.

무엇보다도 이 두 사람은 국제건축박람회를 통해 서베를린이 도시설계의 국제적인 연구의 장으로 주목받는데 큰 공헌을 하였다. 국제건축박람회는 1980년대 전까지의 도시정책들, 즉 자동차 친화적 도시개발, 꽉 들어차도록 촘촘한 도시, 오래된 건물의 철거, 현대건축 이전의 도시평면의 부정 등에 의문을 제기하며 현대건축 운동의 도시화작업 이전의 도시평면을 회복하고자 시도하였으며 복도식 가로망, 블록형 건물, 광장을 긍정적인 도시의 맥락으로 다시 재해석하였다. 또한 수십 년 동안 도시설계적 학대와 차별을 받아 온 임대주택도시의 서러움이 씻기는 시대가 찾아온

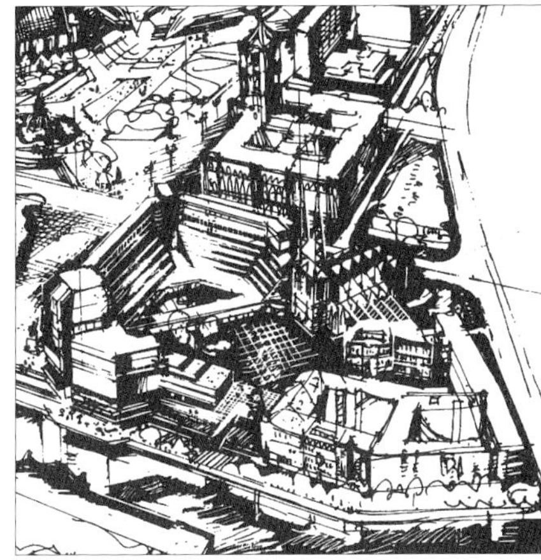

현대건축의 도시화 개념 아래 세워진 동베를린 니콜라이 구역(Nikolaiviertel)의 복원 계획안, 1976

Source: Graffunder, Heinz/Beerbaum, Martin/Murza, Gerhard: Der Palast der Republik, Leipzig 1977, p. 18.

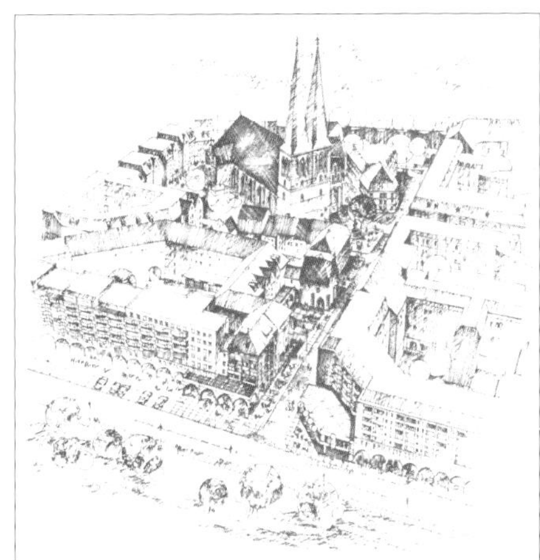

권터 스탄(Guener Stahn)이 제안한 전통적 형태의 니콜라이 구역(Nikolaiviertel) 복원 계획안, 1982

Source: Stahn, Günter: Das Nikolaiviertel am Marx-Engels-Forum. Ursprung, Gründungsort und Stadtkern Berlins. Ein Beitrag zur Stadtentwicklung, Berlin 1985, p. 72.

베를린 도시탄생 750주년을 기념하여 전통적 형태의 입면으로 복원된 휴제만 가 (Husenmannstrasse)의 주택들, 1987

Photo: ullsteinbild/Ritter

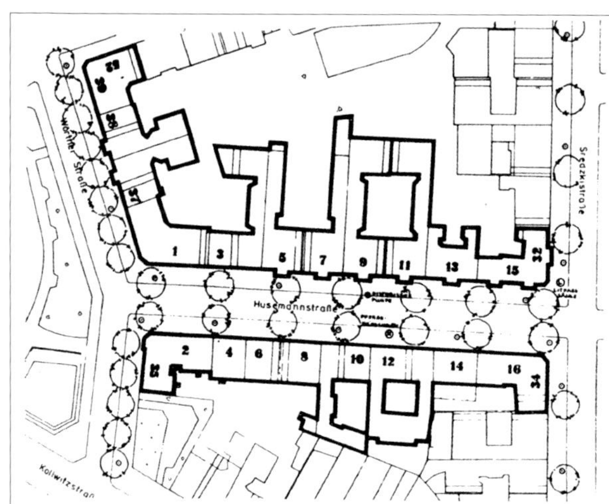

휴제만 가(Husenmannstrasse) 배치계획안, 1989

Source: Rietdorf, Werner: Stadterneuerung. Innerstädtisches Bauen als Einheit von Erhaltung und Umgestaltung, Berlin 1989, p. 30.

슈판다우어 포어슈타트(Spandauer Vorstadt)의 쇼피엔가의 복원 공사현장

Photo: ullsteinbild/Schnabel

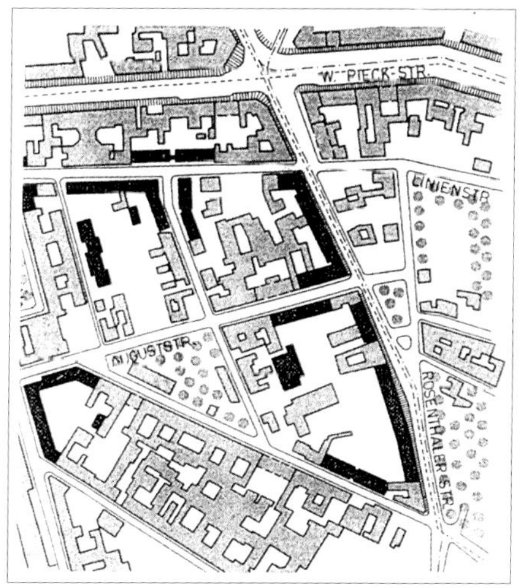

동독시대의 비평적 도시복원: 슈판다우어 포어슈타트(Spandauer Vorstadt)의 역사가로를 따라 조립식 축조방식으로 건설될 건물 신축계획안

Source: Rietdorf, Werner: Stadterneuerung. Innerstädtisches Bauen als Einheit von Erhaltung und Umgestaltung, Berlin 1989, p. 48.

동베를린의 프리드리히 가(Friedrichstrasse) 계획안 스케치, 1987

Source: Bodenschatz, Harald (ed.): Renaissance der Mitte, Berlin 2005, p. 228.

프리드리히 가(Friedrichstrasse) 계획안 모형, 1987

Source: Magistrat von Berlin.

페이지 85:
아카데미 광장이 복원이 완료된 현재 모습, 독일 돔과 프랑스 돔이 복원되고, 조립식 대형 패널 축조 방식으로 건축된 신건물들과 쉰켈의 연극극장이 복원되어 조화를 이루고 있는 겐다르멘마켓(Gendarmenmarkt)

Photo by Philipp Meuser

것이다. 예를 들면 어둠 속에 갇혀 있던 뒤뜰정원은 더 많은 빛이 들어올 수 있도록 개선되었다.

새로운 건축은 도시설계적 맥락 안에서 새로운 질서를 갖춰야 했다. 왜냐하면 전통적 건축양식에 대한 의문은 더 이상 논의의 대상이 되지 못하였고 다양하고 비관습적인 시도들이 난무하였기 때문이다. 새로운 건축의 장에 어울리는 새로운 질서를 찾기 위해서 국제건축박람회는 세계각지의 명성있는 건축가들을(피터 아이젠만, 헤르만 헤르츠베르커, 마라타 이소자키, 롭 크리어, 무어/루벨/유벨, 알도 로시, 알바로 시져 비에라, 로버트 슈테른, 제임스 스타링) 베를린으로 초대하였다. 이들이 베를린에서 쏟아내듯 추구하고 시도한 새로운 질서에 대한 건축적 도시설계적 열정은 셀 수 없는 많은 책들로 출판되었다.

국제건축박람회라는 큰 나무의 그늘에서 시작된 변화는 서베를린의 다른 구역의 도시건설정책의 변화에 영향을 주었으며, 신질서는 점점 더 확대되어 실행되게 된다. 특별히 '신중하고 주의 깊은 도시재생'에 관한 원칙들이 새롭게 확립되었으며 외국에 전파되었다.

변화된 서베를린의 도시정책 '도시재생'의 긍정적 가능성을 확인시켜주는 대표적인 도시재개발 지역이 크로이츠베르크(Kreuzberg) 서부의 샤미쏘광장(Chamissoplatz)이다. 1979년에 이 지역의 도시재생 사업이 착수되었다. 이 지역은 기존의 파괴적 도시재개발정책에 따라 사업계획안이 확정되어 지역의 30% 이상의 건물이 철거될 예정이었다. 그러나 새로운 도시재생정책의 실행으로 기존의 계획안은 백지화되고 대다수의 오래된 건물은 철거되지 않고 건물의 외형을 그대로 보존하도록 하였으며 내부공간도 현대화하여 기존의 주거기능에 다양한 복합기능을 포함하는 리모델링을 실시하도록 계획안이 변경되었다. 크로이츠베르크 도시재생 사업을 통해 얻은 교훈은 도시재생사업의 실행을 위한 전제조건은 지역주민의 적극적인 참여와 견제여야 한다는 것이다.

다른 한편에서는 여전히 현대건축운동의 도시화작업이 관습적으로 내려온 현대적 도시설계의 유전을 그대로 계승하여 유지하며 진행되고 있었다. 그리고 계획의 규모와 경계는 엄격하게 규제되고 있었다. 그리고 이전과 다른바 없이 사회복지형 주택공급을 위한 연방정부의 막대한 보조금은 사회적 주택경제기업에 지원되고 있었다.

베를린시 정부는 사회적 주택경제기업이 변화된 새로운 도시정책에 맞춰 기업정책을 변화시키고 새로운 흐름에 천천히 편승하도록 압력을 가하였다.

물론 몇몇의 민간부동산개발회사들은 새로운 도시설계의 변화의 흐름에 편승하여 기업정책에 변화를 주었다. 이들은 훗날, 즉 베를린 장벽이 무너진 후 베를린 도시설계에 중요한 역할을 담당하게 된다.

앞서 기술한 바와 같이 동베를린과 서베를린이 분단된 두 개의 도시의 상황에서 서로 다른 도시설계의 방향으로 발전하지 아니하고 마치 하나의 도시인 것처럼 비슷한 도시설계의 흐름을 가지고 발전해왔다는 사실은 건축・도시설계 학계의

대다수 외국 전문가들에게 아주 낯선 지식으로 받아들여지고 있다. 동·서로 분단된 베를린을 바라보는 1970년대의 학계의 시각은 베를린은 단지 철근콘크리트 조립식 대형 패널 축조 방식의 건물들이 대다수를 이루는 옛 독일의 수도로 바라볼 뿐이었으며, 이러한 판단은 앞서 기술한 동·서 베를린의 도시설계의 흐름에서 알 수 있는 바와 같이 잘못된 것이다.

베를린 도시탄생 750주년이 되던 해인 1987년 동베를린에서는 기존의 부정적 도시이미지, 즉 공산주의 진영의 선전도시라는 부정적 이미지를 개선하고자 한 변화의 움직임이 시작되었다. 동베를린이 구축하고자 한 새로운 도시이미지는 '국제적으로 열려있는 자유로운 도시 베를린'이었으며 이를 홍보하고 실현하기 위해 다양한 도시정책들을 실행하였다. 베를린 도시탄생 750주년의 기념행사와 대외적인 홍보를 동베를린이 서베를린보다 더욱더 심려를 기울이며 주도적으로 할 수 있었던 것은 동베를린이 베를린 도시탄생에 있어 지리적으로 유리한 고지를 확보하고 있었기 때문이다.

동베를린의 도심지는 베를린 도시의 기원이 시작된 지역이었으며, 이는 도시탄생의 전통성이 살아있는 역사적 중심지를 동베를린이 선점하고 있다는 부인할 수 없는 사실이다. 동베를린은 베를린 도시탄생 750주년을 맞이하여 역사적 도시 이미지 구축을 위한 도시정책을 실행하게 된다.

1980년 동베를린에서도 서베를린에서 시작된 변화된 새로운 도시설계의 흐름이 나타나기 시작하였으며, 이를 입증하는 여러 사업들이 진행되었다. 베를린의 심장이라 할 수 있는 슈프레인젤구역(Spreeinsel)에 우뚝하니 서 있는 19세기 후반에 지어진 베를린 돔(Berliner Dom)의 개선사업이 시작되었으며, 베를린 궁전다리(Schlossbruecke)에는 칼 프리드리히 쉰켈(Karl Friedrich Schinkel)이 디자인한 조각상의 모조품들이 다시 전시되었다. 무엇보다도 1979년의 니콜라이구역(Nikolaiviertel) 도시설계 공모전은 역사적 도시이미지 구축을 위한 동베를린의 변화에 대하여 세계의 이목이 집중되도록 만들었다.

중세시대 도시구역의 복원이라는 화두로 진행된 니콜라이구역 도시계획 공모전에 새로운 도시설계의 개념에 대한 아이디어를 담은 다채로운 복원안들이 출품되었고, 이 안들을 모두 담은 책들이 전세계로 출판되었다. 최종 당선안으로 귄터 스탄(Guener Stahn)의 계획안이 선정되었다. 이 당선안의 선정을 둘러싼 많은 논란이 있었으나, 여론은 대체적으로 이 안에 우호적이었다. 계획안은 실현되었으며 니콜라이구역은 현재 베를린에서 가장 대중적인 도시공간으로 베를린 시민들의 사랑을 받고 있다.

니콜라이구역 프로젝트는 동베를린이 추구한 역사적 도시 이미지 구축을 위한 동베를린 변화의 서막이었으며 이 중심에는 역사적 도시공간의 복원이 있었다. 가장 주목을 끄는 프로젝트는 쉰켈의 연극 극장 복원 프로젝트(1984)가 있으며 현재는 복원이 완료되어 콘서트하우스로 사용되고 있다. 아카데미 광장은 쉰켈의 건물들의

페이지 86:
포츠담머 광장(Potsdamer Platz)에 세워진 베를린 장벽 틈 사이로 보이는 TV송전탑

Photo: Landesarchiv Berlin

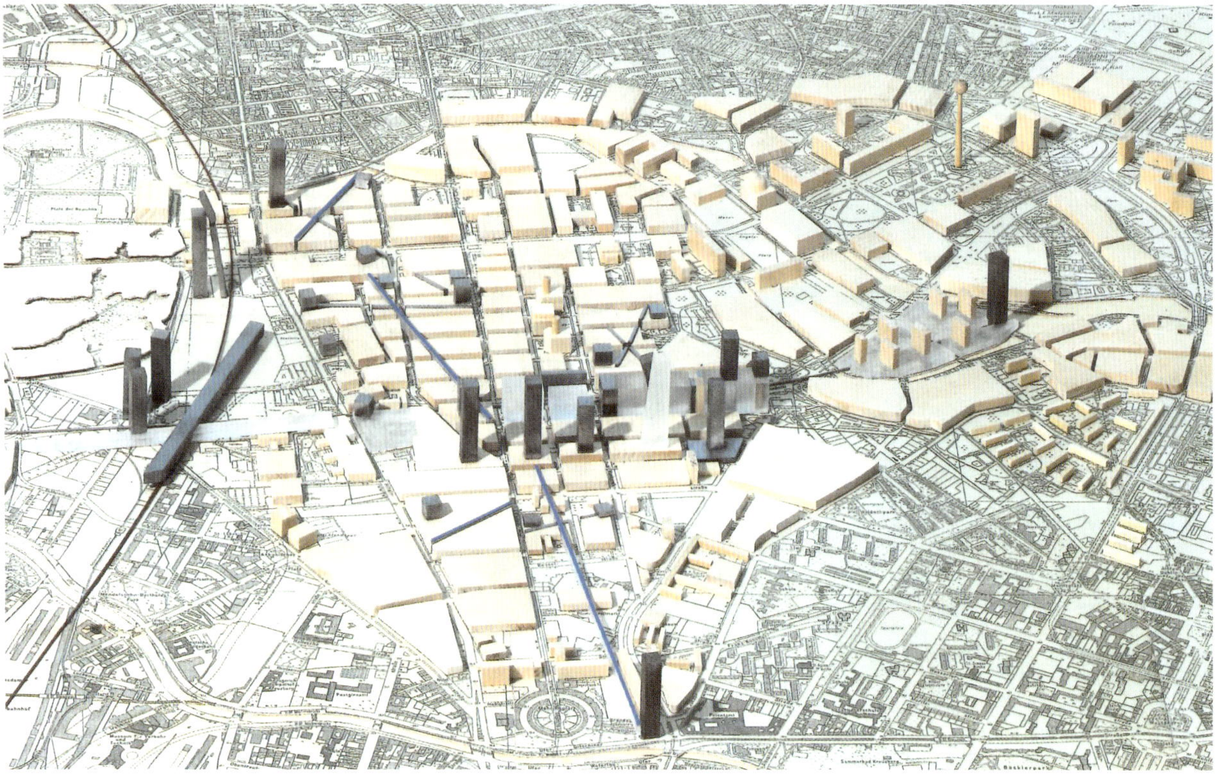

코프 힘멜브라우(Coop Himmelb(l)au)가 제안한 베를린 재개발안, 1990/1991

Source: Lampugnani, Vittorio Magnago/Mönninger, Michael (ed.): Berlin morgen. Ideen für das Herz einer Großstadt, exhibition catalogue, Stuttgart 1991, p. 98.

한스 콜호프(Hans Kollhoff)가 제안한 알렉산더 광장(Alexander Platz)과 포츠담머 광장(Potsdamer Platz)에 계획된 초고층 건물 클러스터 계획안, 1991

Source: Lampugnani, Vittorio Magnago/Mönninger, Michael (ed.): Berlin morgen. Ideen für das Herz einer Großstadt, exhibition catalogue, Stuttgart 1991, p. 135.

복원이 이루어져 역사적 건물들과 철근콘크리트 조립식 대형 패널 축조방식의 현대적 건물들과 어울려져 조화를 이루는 광장으로 더욱 독보여지게 되었다.

아카데미 광장을 둘러싼 철근콘크리트 조립식 대형 패널 축조 방식의 현대적 건물들은 아마 현존하는 가장 사치스러운 조립식 건물이며, 동독시대 현대건축운동의 도시화 작업을 상징하는 유물일 것이다.

슈판다우어 포어슈타트(Spandauer Vorstadt)의 소피엔 가(Sophienstrasse)는 바로크시대에 조성된 아름다운 가로이다. 종전 후 이 가로는 수십년 동안 방치되어 있었으나, 이 시기에 동베를린시는 막대한 자금을 투입하여 소피엔 가 복원 프로젝트를 1981년부터 1987년까지 착수하였다.

포어슈타트 구역의 복원은 지금까지 전례가 없었던 동베를린 르네상스의 시작이라고 평가할 수 있다. 포어슈타트 지역과 같이 동베를린 도심지에 건축된 산업화 이전의 건축물들에 대하여 이렇게 적극적인 도시재생 사업이 진행된 경우는 없었다.

몇 년 후 그 누구도 예상하지 못한 베를린 장벽의 붕괴와 함께 진정한 르네상스가 두 개의 베를린이 아닌 하나의 베를린에서 시작되고 베를린은 급격하게 변모하게 된다.

또한 프렌츠라우어베르크(Prenzlauer Berg) 도시 구역의 콜비츠광장(Kollwitzplatz)의 주변 지역에서는 1980년대의 휴세만 가(Husenmannstrasse)의 복원이 이루어졌으며 이 지역은 새로운 발전의 기회를 맞이하게 된다.

이 모든 프로젝트는 베를린 도시탄생 750주년을 기념하여 진행된 동베를린의 도시사업으로 새로운 도시설계 '도시재생'의 관점에서 시작된 역사적 도시공간의 복원을 향한 베를린의 변모라고 할 수 있다.

현대건축운동의 도시화작업과의 단절 이후에 나타난 동베를린의 도시변모에 정점을 찍은 것은 1981년에 진행된 프리드리히 가(Friedrichstrasse)를 따라 도시 가로수길을 조성하는 사업이었다. 이 사업은 초기단계가 진행된 시점에 베를린 장벽이 무너지고 급변한 베를린의 정세변화에 의해 이 사업은 폐기되었다.

1980년대 현대건축운동의 도시화작업 몰락 현상은 동・서 베를린 곳곳에서 그 흔적을 찾아볼 수 있다. 19세기에 형성된 동베를린의 도시중심시에서 발견할 수 있다 물론 서베를린 지역에서는 사회복지형 대규모 주거단지의 도시재생 사업을 중심으로 기존 현대건축운동의 도시화작업에 대한 반성과 개선이 이루어졌다. 즉 건물외관의 보수, 공간적 기능의 유동성 확보, 공동공간의 개선 등을 위한 세부 사업들이 진행되었다.

의미있는 변화 중의 하나가 서베를린의 도심 고속도로 사업의 중단이었다. 이 사업은 제2차 세계대전의 전후복구사업의 일환으로 진행되었으며 도시파괴라는 부정적 영향을 준다는 비판이 끊임없이 제기되고 있었다.

현대건축운동 도시화작업의 종말은 비단 베를린에서만 나타난 현상은 아니었다. 유럽의 다른 대도시들에서도 현대건축운동 도시화작업과의 이별이 속속 진행중이었다. 그 규모와 속도는 달랐지만, 현대건축운동의 도시화작업이 빚어낸 폐단을

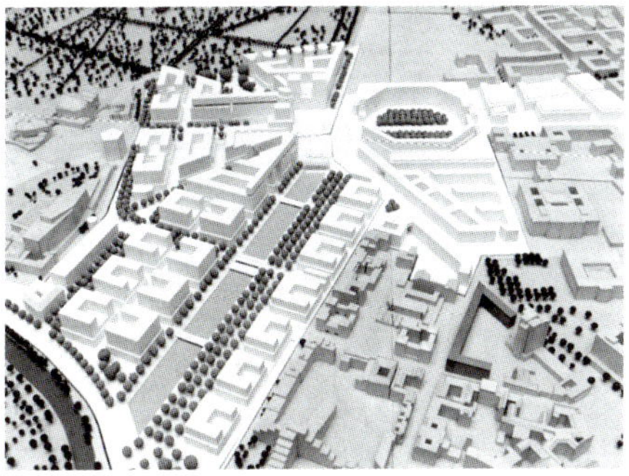

힐머&샤트러(Hilmer & Sattler)의 포츠담머 광장(Potsdamer Platz) 구역 도시설계 현상 공모전의 1등 당선안, 1991, 포츠담머 광장 구역의 현재모습은 1등 당선안과 사뭇 다른 모습으로 완공되어 있다.

Photo by Hilmer & Sattler/Landesarchiv Berlin

파리저 광장(Pariser Platz) 복원 계획안, 힐데브란트 마흐라이드(Hidebrand Machleidt), 발터 슈텝프(Walther Stepp) 그리고 볼프강 샤헤(Wolfgang Schaeche), 1992

Source: Arbeitsgemeinschaft Spreeinsel: Städtebauliches Leitbild für die Berliner Mitte. Bereich Spreeinsel, Werkstattbericht, Berlin 1992, p. 59.

페이지 90:
야데가르 아시시(Yadegar Asisi)의 알렉산더 광장(Alexander Platz) 계획안 파노라마

Architects: Kollhoff/Timmermann

페이지 91:
포츠담머 광장(Potsdamer Platz) 구역 모습, 2006

Photo by Philipp Meuser

페이지 92/93:
알렉산더 광장(Alexander Platz) 구역 도시설계 아이디어 공모전에 당선된 한스 콜호프(Hans Kollhoff)의 계획안, 1993, 현재는 계획안이 부분적으로 실현되고 있다.

Source: Kollhoff/Timmermann Architekten.

반성하고, 옛 도시의 기억과 흔적을 다시 회복하고자 한 시도들이 곳곳에서 진행되었다.

1970년대 보로그나가 유럽도시에서 진행된 현대건축운동 도시화작업의 종말의 시작을 알리는 도시였다면, 1980년대 현대건축운동 도시화작업의 종말을 모든 방면에서 보여주는 표본 같은 역할을 한 도시는 바로셀로나였으며, 유럽의 많은 도시들이 바로셀로나를 도시 발전의 롤모델로 삼았다. 그리고 이미 파리와 런던에서 독랜드(Dockland) 프로젝트 등과 같은 거대 규모의 도시재생 프로젝트의 착수에 대한 논의가 활발하게 진행되어 있었고, 같은 흐름 속에서 서베를린의 국제건축박람회가 진행되었다.

4.2 베를린 장벽의 붕괴 이후 도시의 변화

1989년 11월 9일 베를린 장벽이 무너졌다. 동・서 베를린을 중심으로 국내외 모든 정치・사회・국제관계가 급속도로 변하였다. 그 누구도 미리 대처할 수 없을 정도로 이 변화의 바람은 급박하고 급격하게 불어왔다. 하나의 도시로 통합된 베를린을 위한 어떠한 도시설계 프로그램도 미쳐 준비되어 있지 않았다. 1990년 한 해 동안 동・서 베를린은 긴밀한 협력을 하고 산재된 여러 난관을 극복하고자 노력하였다. 1990년 10월 3일에 드디어 통일된 하나의 도시로 베를린은 새롭게 탄생하게 된다. 정치적으로는 동베를린에 대한 모든 권리와 책임을 서베를린의 정부 기관들과 정치세력들이 양도 받게 된다.

당시까지만 하더라도 베를린이 통일된 독일의 수도로 다시 지정될 수 있을지에 관하여 아무도 예측할 수 없었다. 1991년 6월 20일 독일연방국회의에서 거의 근소한 차의 다수의결로 베를린이 서독의 수도였던 본을 제치고 통일 독일의 수도로 확정되었다. 1991년 전문기관과 전문가들에 의해 하나의 도시로 통합된 통일수도 베를린을 위한 도시계획 연구들이 수행되었다. 이 업무를 담당한 전문기관이

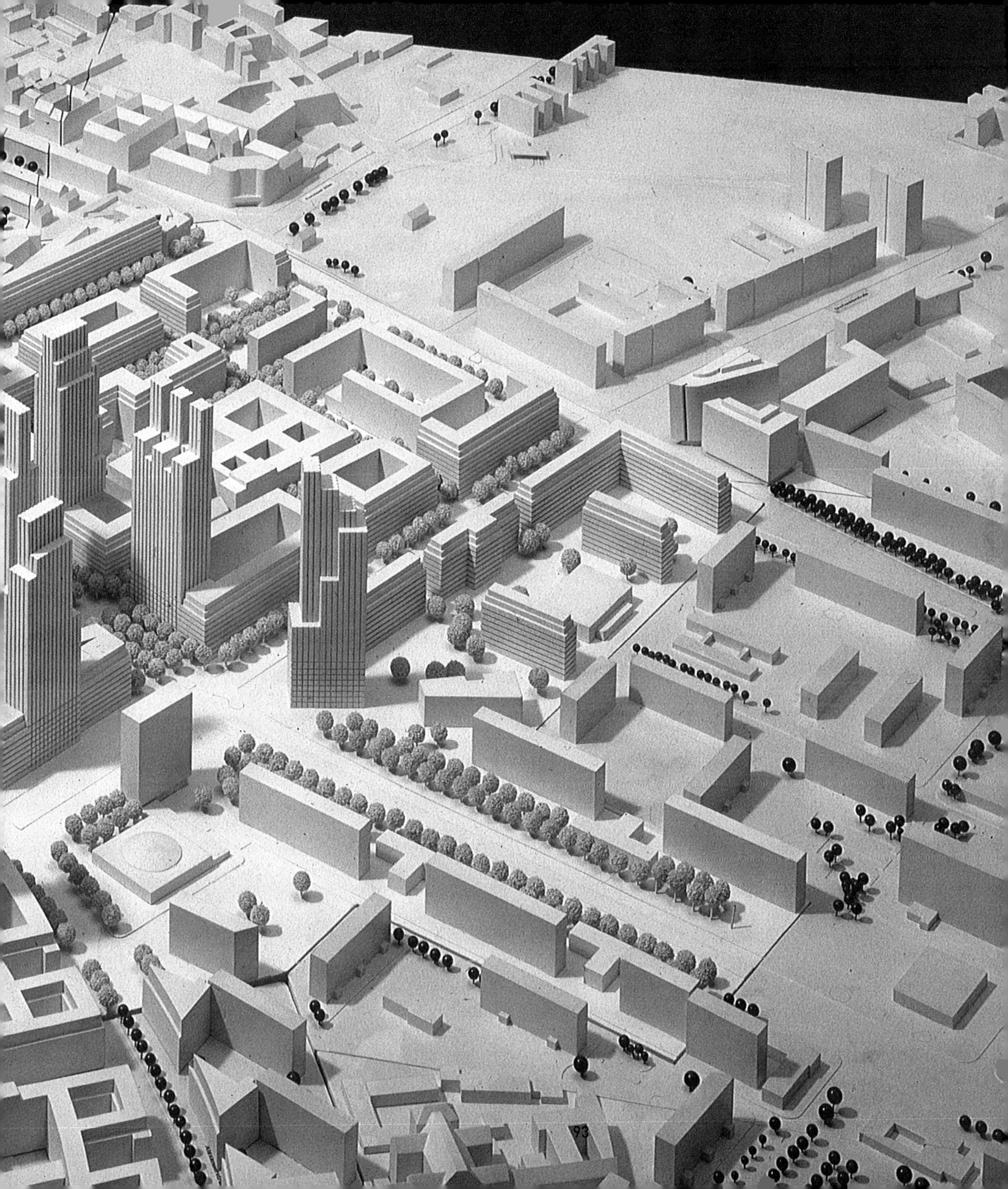

건설 · 주택 그리고 도시발전위원회였다. 이 위원회 건설디렉터 자리가 새로이 신설되었으며 총책임자로 한스 슈티만(Hans Stimmann)이 내정되었다. 위원장과 위원회는 직면한 새로운 도전과 요구에 부합하는 새로운 베를린을 위한 모든 책임을 짊어지게 되었다.

통일 독일을 대표하는 수도 도시로 다시 태어난 베를린이 급복해야 할 도시설계의 과제들은 산적해 있었으며 많은 부분들이 변화된 상황에 맞춰 새로이 조정되어야만 했다.

산업 · 공업 등 2차 산업부분에 속한 일자리의 상당 부분이 감소하고 서비스 · 관광 등 3차 산업부분의 일자리가 상당수 창출되어 몇 년 내에 베를린이 파리와 런던에 견줄만 한 도시로 성장할 것으로 많은 전문가들은 예측하였다.

통일된 직후 과도기적 상황 속에서 동 · 서 베를린에 지급되던 기존의 주택건설 보조금은 삭감되거나 폐지되어 동 · 서 베를린이 분단된 상황에서 양 진영의 도시설계에 큰 영향력을 행사하였던 주택건설회사들은 쇠락하게 된다. 이와 상대적으로 외국계 투자자들과 서베를린을 포함한 독일 전지역에서 몰려온 개인 부동산 투자자들은 호황을 누리었다. 이들은 주택건설사업뿐만 아니라 오피스 건설 사업에서도 활발하게 투자를 진행하여 통일 이후 베를린의 변화에 큰 영향력을 행사하게 된다. 이들의 영향력은 갈수록 커졌으며 정치세력들에 대한 로비도 더욱더 대담해졌다. 이들은 옛 동베를린의 중심지에 대한 역사적 도시구역의 개발사업을 진행하게 된다.

옛 동베를린 지역을 개발하는 것은 하나의 베를린을 위한 새로운 출발점 이었으며, 도시발전의 잠재적 가능성과 새로운 도시설계을 위한 탁월한 실험적 조건들을 제공하는 기회의 장이었다. 구 동독 정부의 도시설계 계획안에 따라 동베를린의 많은 지역은 2차 세계대전이 종전된 후에 빈공간 그대로 방치되어 있었던 상황이었다. 이미 계획이 완료되어 건설 예정인 수많은 건물들 또한 하나의 도시 베를린에 맞는 새로운 도시기능을 수용하기 위해 계획 변경이 불가피한 상황이었다.

건축 · 도시설계 전문가 집단을 비롯한 다양한 분야의 전문가들 그리고 언론매체들은 동베를린 지역의 옛 도심이 통합된 베를린의 새로운 도심으로 변모시키고자 관심을 집중하였다. 도시설계적 관점에서 이들이 주목한 과제는 미트카제느넨 구역(Mietkasernenviertel)의 철근콘크리트 조립식 대형 패널 축조방식 주거 건물들의 개선 그리고 근교 신도시 건설이었다.

1990년대는 전세계의 이목이 베를린의 도시설계에 집중된 가운데 런던을 비롯한 유럽의 대도시들에서는 도심지 재활성화를 주제로 한 도시재생에 관하여 열띤 논쟁이 벌어졌다.

베를린 장벽이 붕괴된 후 베를린 도시설계의 변화에 대하여 크게 3단계로 구분할 수 있다. 첫 번째 단계(1990-1995)는 베를린이 하나의 도시로 재탄생한 직후의 시기로 베를린 도시설계의 꽃이 활짝 피운 시기라고 할 수 있다. 국내외의 거대 자본의

페이지 94:
위)
오스발드 마티아스 웅거스(Oswald Mathias Ungers)가 계획한 베를린 신중앙역사와 중앙역 구역

Source: O. M. Ungers, as doc. in: AIV (ed.): Berlin und seine Bauten. Part I: Städtebau, Berlin 2009, S. 393.

아래)
베를린 신중앙역사, 2008

Photo by Philipp Meuser

유입으로 도심지에 업무용 빌딩들이 새롭게 건설되었고, 근교지역에도 대형 프로젝트들이 진행되었다. 두 번째 단계(1995-1999)는 급격한 도시의 변모에 대한 반성적 각성이 이루어지고 냉정하게 현실을 직시하게 된 시기이다. 첫 번째 단계가 도시설계의 찬란함을 꽃피우고 긍정적인 도시발전의 예측과 예보가 자행되었다면 두 번째 단계에서는 보다 더 신중한 자세로 급격한 도시 변화가 가져다 줄 영향에 대하여 숙고하고 베를린 전체를 하나의 도시 단위로 묶는 대규모 계획이 수립되었고, 이를 실현하는 대형 프로젝트들의 건설이 착수되었다.

두 번째 단계에서는 첫 번째 단계에서 계획된 업무용 빌딩들이 속속 완공되었고 이로 인하여 업무공간의 과잉공급 현상이 나타나게 되었다. 이를 타개하기 위한 정책으로 주택건설시장의 활성화를 도모하였고 주택건설시장의 붐(Boom)이 일어났다. 두 번째 단계에 나타난 베를린의 변화는 베를린 교외지역의 주거단지 건설이었다.

세 번째 단계(1999년 이후)는 그 누구도 부정할 수 없는 도시설계의 정체기라고 할 수 있다. 베를린의 도심지뿐만 아니라 교외지역에서도 이렇다 할 도시설계 프로젝트의 등장이 전혀 없었으며 베를린 도시설계는 조용한 휴식기를 맞이하게 된다. 이런 현상은 비단 베를린에 국한되어 나타난 것이 아니라, 독일 전역에서 도시설계의 정체기를 맞이하였다. 이 단계에서는 어떠한 대형 프로젝트나 계획안도 이러한 정체기의 타개를 위해 어떠한 영향력도 주지 못하였다.

제1단계 (1990-1995)

하나의 도시로 재탄생한 베를린의 도시설계 변모의 첫 번째 단계는 거대한 불확실성에서 시작되었다. 수십 년을 분단된 두 개의 도시로 성장한 동・서 베를린이 하나의 도시로 재통합하고 통일 독일을 대표하는 수도로 재탄생하기 위해 어떠한 도시설계안을 적용해야 하는지, 그리고 그 결과가 도시에 어떻게 미치는지에 대한 불확실성과 의구심에서 베를린의 변모는 시작되었다.

1990-1991년 외국의 건축가들은 서로 경쟁하듯이 자신들의 건축적 이상과 재능을 마음껏 발휘한 거대 프로젝트들을 제안하였다. 그러나 그들의 계획안은 하나가 된 베를린이 처한 특별한 사정 및 조건들을 전혀 염두에 두지 않은 이상적인 결과물이었을 뿐이다. 이러한 외부적인 흐름과 대조적으로 베를린 정치세력 및 건축・도시 분야 전문가들, 즉 1980년대부터 서베를린을 집권한 정치세력과 도시사업에 영향력을 행사해 온 건축・도시 분야 전문가들은 요셉 바울 클라이 후스의 주도 아래 진행되어 온 도시재생의 이념 '신중하고 주의 깊은 도시재생'을 하나 된 베를린에 적용하기로 의견을 모았다.

신중하고 주의 깊은 도시재생이 추구하는 주제는 도시평면의 비판적 재건이었다. 탈산업화 도시가 추구해야 할 참된 도시의 모습에 대한 물음의 해답을 현대화 이전에 형성된 도시구조의 재건에서 찾고자 하였다. 현대화 이전에 형성된 도시구조의

페이지 97:
독일연방밴드(Das Band des Bundes), 2009

Photo by Philipp Meuser

페이지 98/99:
국제 도시설계 공모전에 1등 당선된 악쉘 슐테스(Axel Schultes)와 샬롯테 프랑크(Charlotte Frank)의 슈프레보겐(Spreebogen) 수도구역의 계획안

Source: Axel Schultes/Charlotte Frank, as doc. in: AIV (ed.): Berlin und seine Bauten. Part I: Städtebau, Berlin 2009, p. 398.

슈프레인젤(Spreeinsel)과 프리드리히베르더(Friedrichsweder) 도시설계공모전에 당선된 베르트 니부르(Bernd Niebuhr) 계획안 ,1993, 계획안이 실현되지 못함

Source: Bernd Niebuhr, as doc. in: AIV (ed.): Berlin und seine Bauten. Part I: Städtebau, Berlin 2009, p. 400.

하랄드 보덴샤츠(Harald Bodenschatz)와 요한네스 가이젠호프(Johannes Geisenhof) 그리고 그룹 다스(Gruppe Dass)가 제안한 슈프레인젤(Spreeinsel)과 프리드리히베르더(Friedrichsweder) 도시설계안

Source: Harald Bodenschatz Collection.

재건은 한마디로 전통적인 유럽식 도시의 복원이다. 이것은 기존의 유럽의 많은 도시들이 현대화 도시의 표본으로 여기고 추구하던 미국식 도시설계와의 차별을 의미하는 것이었다.

유럽식 도시의 복원을 위해 회랑식 도로, 건물을 둘러싼 광장, 닫힌 블럭형 건물군 등과 같은 건축적 요소를 도시설계에 적극 반영하도록 하였다. 또한 주거기능을 포함하는 건물용도의 다양화를 유럽식 도시의 복원의 중요한 테마로 설정하였다. 모든 도시구역마다 차별화된 특색을 갖출 수 있는 계획내용이 반드시 도시설계에 반영되어야 했고 베를린의 전통적 건물 높이인 22미터는 변함없이 적용되어야 했다. 첫 번째 단계는 모든 것이 불확실한 시기였지만, 한편으로는 베를린의 르네상스의 서막이 되었다.

1990년 포츠담머 광장(Potsdamer Platz)을 둘러싼 지역의 변화는 베를린 도시전체의 구조적 변화의 첫 번째 단계가 시작되었음을 알려주는 것이었다.

1993년부터 유럽형 도시 재건을 위한 베를린 도시설계 프로젝트들이 부분적으로 현실화 되어져갔고 이를 통해 대규모 공동공간이 형성되었다. 그리고 새로이 형성된 공동공간과 일정하게 연결되지 않았지만 부분적으로 적절하게 조율된 주변 도시공간의 변화는 유럽형 도시를 재건하고자 한 베를린의 갈망을 보여주는 것이라 할 수 있다. 그러나 다양하게 시도된 많은 프로젝트들은 여전히 확실하고 분명한 도시공간적 형태를 형성하지 못하고 있었다.

포츠담머 광장(Potsdamer Platz)의 복원 계획안에 대한 격렬한 논쟁과 다툼은 유럽식 도시 재건의 갈망에 대한 혼란스럽고 불확실성을 표출한 것이었으며, 이 논쟁은 또다른 대규모 도시설계 프로젝트 계획안에 상당한 영향력을 미쳤고 결과적으로 파리저 광장(Paiser Platz) 복원에 적용될 유럽식 도시 재건의 목표가 순화되어지고 개선되어지게 된다.

새로운 베를린을 향한 다양한 도시설계 프로젝트들을 격렬한 논쟁의 장으로 이끈 매개체 역할을 한 것은 국제도시설계공모전들이었다(1991-1994). 국제도시설계공모전들은 민간부문과 공공기관이 주관하여 개최하였다. 공공부문에서 주관한 대규모 도시설계공모전의 대상은 통일 독일의 수도 베를린에 세워질 정부기관 건물들, 연방국회의사당과 그 부속 시설물 그리고 독일 총리청 관저이었다. 물론 모든 공모전의 심사과정은 비공개로 진행되었다. 심사과정에서 건설위원장의 개입은 명확하고 완고하게 차단되어 심사가 진행되었다.

서로 다른 도시문맥을 가진 다양한 도시구역들에서 진행된 도시설계 프로젝트들을 하나로 묶어주는 도시설계의 원칙을 세우고자 하는 논의와 토론이 심도 있게 열렸다. 물론 이 토론에서 세우고자 한 도시설계의 원칙은 현대화 이전의 도시평면의 비판적 재건이었다. 건설위원장은 베른하드 슈트레커(Bernhard Strecker)와 디터 호프만 악쉐텔므(Dieter Hoffmann Axthelm)에게 현대화 이전의 도시평면의 비판적 재건을 위한 도시설계의

근교도시 카로우(Karow)의 계획모습, 1992

Source: Senatsverwaltung für Bau- und Wohnungswesen (ed.): Stadt Haus Wohnung. Wohnungsbau der 90er Jahre in Berlin, Berlin 1995.

원칙을 구현하는 도시설계방법에 대한 연구를 의뢰하였다. 이와 별도로 전형적인 유럽식 도시의 모습과 사뭇 차별화된 형태의 도시를 제안한 계획안이 발표되었다. 이 발표안의 핵심은 고층빌딩의 클러스트, 즉 베를린에 마천루를 세우는 것이었다.

포츠담머광장 도시구역의 계획안을 둘러싼 논쟁은 여전히 치열하게 진행되었다. 포츠담머 광장이 유럽식 도시를 대표하는 도심으로 만들고자 하는 측과 이를 반대하는 측을 하나로 묶을 수 있는 새로운 도시설계 아이디를 찾아야만 했었다. 많은 제안들 중에서도 1991년 초에 한스 콜호프(Hans Kollhoff)가 발표한 제안은 모든 이의 주목을 끌었다. 그는 포츠담머광장 구역이 베를린이 추구하는 건물 높이 22미터를 준수하며 유럽식 도시의 재건의 원칙에 어울리도록 복원하는 것을 제안하였다. 그의 제안에서 특별히 주목할 점은 광장구역의 특정한 부분을 지정하여 고층건물들로 채우고자 한 점이다.

한스 콜호프가 제안한 베를린의 마천루가 들어설 지역은 알렉산더 광장과 포츠담머 광장이었다. 이 두 지역은 동베를린과 서베를린으로 들어가는 도시의 관문과 같은 역할을 하는 매우 상징적인 지역이다. 이와 별도로 베를린 건설위원회에 압력을 가하여 또 하나의 베를린 마천루가 들어설 제3의 장소를 선정하기 위한 논의가 시작되었다. 제3의 장소는 바로 옛 서독의 중심지이다. 이 프로젝트는 'City-West'라고 불리게 된다.

이 세 개의 장소에 베를린의 마천루가 들어서는 계획은 수십 년 동안 어떠한 기록도 문서 화되어 있지 않았지만, 이미 오래전부터 베를린 정치가들과 시 당국자들 사이에서는 암묵적으로 묵인되고 비공식적으로 승인된 계획안이었다.

지들룽 헬러스도르프(Hellersdorf)의 신중심지 계획안 : 1990년 6월 26일 베를린시의회는 헬러스도르프 도시확장 개발안은 승인한다. 1990년 9월 마지막 주에 도시설계공모전이 공포되고 1991년 2월 15일에 22만 3천 제곱미터의 구역에 대한 도시설계 당선안이 발표된다. 도시설계안의 계획 목표는 신도시에 적합한 도시밀도를 제안하고 토지이용에 있어 복합적 도시기능 수용하도록 개발하여 신근교도시를 건설하는 것이다. 61개의 계획안이 출품되었고 건축가 안드레아스 브란트(Andreas Brandt)와 루돌프 뵈트허(Rudolf Boettcher)의 계획안이 최종 당선안으로 채택되었다.

Source: Senatsverwaltung für Bau- und Wohnungswesen (ed.): Ideenwettbewerb zur städtebaulichen Gestaltung des Stadtteilzentrums im Neubaugebiet von Berlin-Hellersdorf. Dokumentation des Wettbewerbes, Berlin, September 1991.

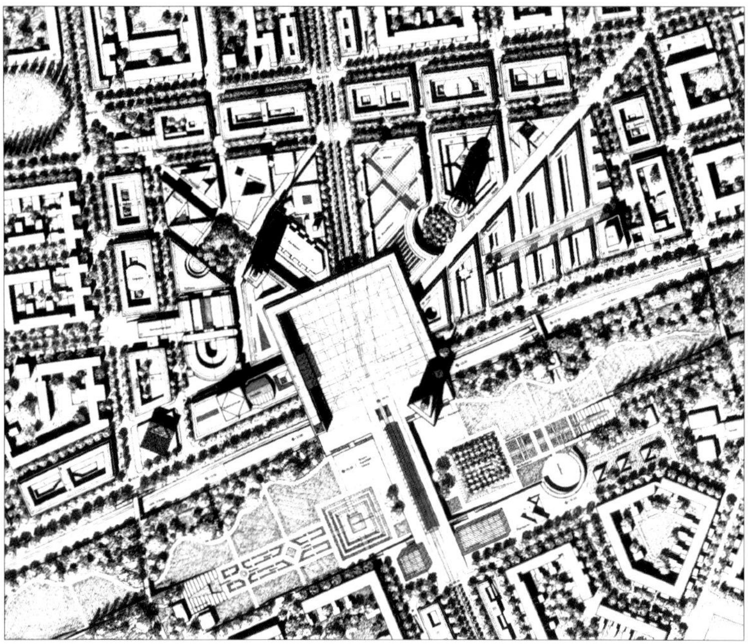

페이지 103:
지들룽 헬러스도르프(Hellersdorf) 신중심지 모습, 2002

Photo by Philipp Meuser

한스 콜호프는 자신의 계획안을 실행시키기 위해 적극적으로 행동하였다. 그는 포츠담머광장에 들어설 고층건물들 중 하나를 자신이 직접 설계하였다. 물론 이 건물의 높이는 한스 콜호프가 제안한 초고층 건물의 높이는 아니었다. 그리고 그는 알렉산더 광장을 위한 도시설계국제공모전(1993)에 자신이 제안한 베를린 마천루 계획안을 내고 당당히 1등에 당선되었다. 그러나 현재까지도 그의 알렉산더 광장 계획안은 실현되지 못하고 있는 상태이다.

베를린의 상징적인 여러 도시공간에 대한 거대한 프로젝트들이 실현되고 있었던 저편 너머에 두 개의 도시로 분단되어 있던 베를린을 하나의 도시의 모습으로 갖추기 위한 도시설계사업들이 진행 중이었다. 우선 도시기반시설의 개선과 확충을 위해 막대한 자금이 투입되었다. 무엇보다도 분단되어 있던 두 도시를 하나로 연결하는 도로건설이 가장 시급한 사안이었다. 게다가 베를린을 환상형으로 순환하는 도시근교 고속전철사업이 계획되었고, 이와 연계된 새로운 역사 건설이 요구되었으며 1992년 베를린 신중앙역 신축공사가 착수되었다.

통일 독일을 대표하는 수도도시 베를린이 갖춰야 할 도시의 기능은 무엇인지, 도시 발전의 미래상은 어떠해야 하는지에 대한 논쟁은 여전히 진행 중이었다. 물론 이 질문에 대한 해답을 찾는 것은 대단히 난해한 문제였으므로 어려웠으며, 이와 관련된 다양한 사회적 갈등이 표면화되어 표출되었다. 가장 활발한 논쟁의 대상이 된 지역은 소위 독일연방건물대(Bandes des Bundes)라 불린 지역으로 슈프레강(Spree)의 동쪽과 서쪽지역으로 나뉘어진 슈프레보겐(Spreebogen)구역이었다. 이 구역에 독일연방 국회의사당과 총리청 관저 그리고 그 부속 시설물들이 계획되었다.

독일연방건물대 중심에 계획된 시민의 광장(Forum)은 현재까지도 실현되지 못하고 있다. 슈프레보겐의 역사적이고 가장 의미있는 건물인 독일연방국회의사당은 노만 포스터(Norman Foster)의 디자인안이 채택되어 새롭게 태어났다. 노만 포스터는 기존의 독일연방국회의사당 건물에 투명한 유리돔을 세웠다. 이곳은 베를린의 대중적이고 상징적 공간으로 현재 베를린에서 가장 사랑받는 건축공간으로 자리 잡았다. 독일연방기관구역의 계획안이 완료되는 시점은 베를린의 도시설계의 변화의 첫 번째 단계가 끝났음을 의미하는 것이다.

베를린 중심지를 대상으로 한 국제아이디어공모전은 계속적으로 진행되었다. 그 중에서도 가장 이목을 집중시킨 대상 구역은 구 동독의 국회의사당 부지와 옛 베를린 도시성이 있었던 슈프레인젤(Spreeinsel) 구역이었다. 1993년 국제공모전이 개최되었으며 1994년 베른트 니부르(Bernd Niebuhr)의 계획안이 당선되었다. 그의 계획안의 핵심은 이 구역에 위치해 있던 구 동독시대의 정부청사들을(공화국 국회의사당, 의원사무동, 외교부청사) 철거하고 사라져버린 역사적 공간의 흔적과 기억을 복원하는 것이었다. 그가 제안한 역사적 공간의 복원 대상은 공화국 국회의사당 자리에 원래 있었던 도시성(Stadtschloss), 성광장(Schlossplatz), 싱켈광장(Schinkelplatz), 베르더쉐광장(Werdersche Markt)을 복원하는 것이다. 또한 슈프레인젤(Spreeinsel) 구역의

페이지 105:
포츠담시의 키르흐스타이펠드 지들룽(Siedlung Kirchsteigfeld)의 배치도, 1992-1997

Source: Krier · Kohl Architekten.

300
400
500
600

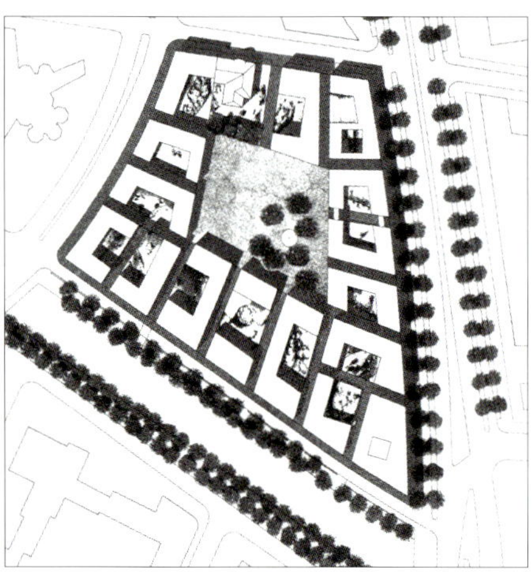

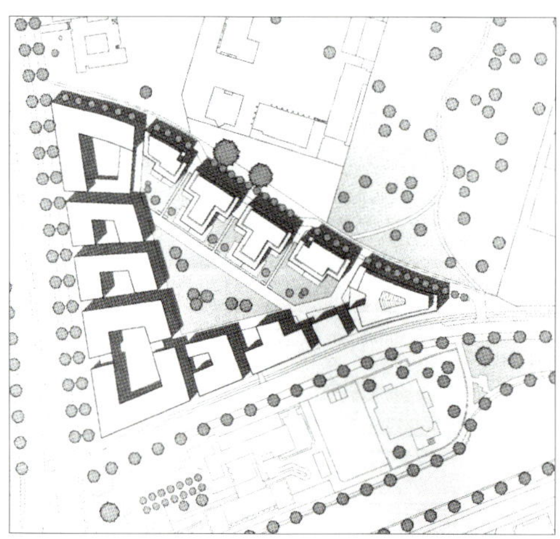

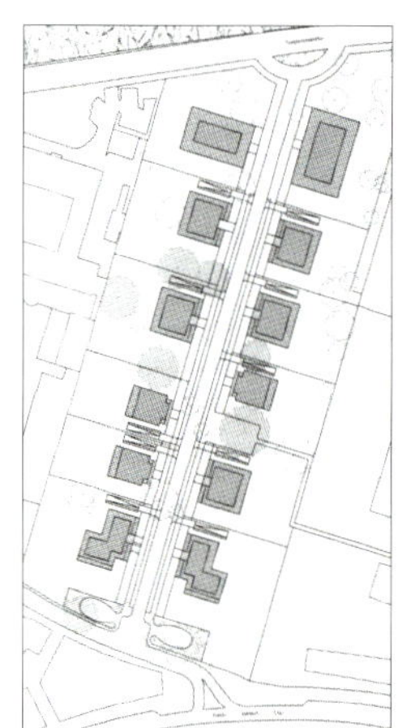

남쪽에 가늘고 긴 오솔길을 계획하여 옛 피셔키르츠(어부들이 거주하였던 지역)에 대한 기억을 다시 되살리고자 하였다. 그러나 그의 계획안은 많은 비평을 받았고 실현되지 못한 종이 위의 계획안으로 남게 된다.

1980년의 서베를린이 실행한 신중하고 주의 깊은 도시재생 정책의 개념과 원칙은 통일 후 쇠퇴한 동베를린 지역의 임대주택지역의 재활성화를 위한 도시재생사업에 그대로 적용되었다. 이 사업의 결과로 재탄생한 프렌츠라우어 베르크(Prenzlauer Berg)와 프리드리히샤인(Friedrichschain) 구역은 호감도 높고 매력적인 새로운 주거공간으로 탈바꿈하게 되었다. 또한 동베를린의 낙후된 대규모 사회복지형 주거단지들에 대한 정부의 개선사업도 진행되었다. 철근 콘크리트 조립식 대형 패널 축조방식으로 지어진 주거건물의 개선을 위한 세부적 개선사업이 마련되었고 도시광장, 정원 그리고 도시공원 같은 매력적인 공동공간들과 사회기반 시설들이 새롭게 조성되었다. 동베를린의 사회복지형 대규모 주거단지에 실행된 도시재생 사업에서 가장 큰 관심을 끈 사업의 대상지는 1990년에 계획이 완료되고 부분적으로 계획이 실현된 헬러스도르프(Hellersdorf) 주거단지이다.

통일 이후 베를린 도시설계의 변화의 첫 번째 단계에서는 도시외곽지역의 근교도시 건설에 주목해야 한다. 전문가들은 통일 독일의 수도이자 하나의 통합된 도시로 다시 태어난 베를린이 맞이할 변화에 대하여 다양한 예측을 하였고, 그중에서도 도시 인구가 급격하게 증가할 것이라고 전문가들은 지적하였다.

1990년 베를린 시의회는 도시인구의 급속한 증가에 대비하여 베를린 외곽지역의 도시경계선 안에 다양한 도시기능을 수용할 수 있는 신근교도시 건설 사업을 계획하였다. 이 사업은 중앙정부의 지원과 민간기업의 투자에 의해 실현되었다.

1993년 베를린 도시건설국장 한스 슈티만(Hans Stimmann)은 근교도시 계획 강령을 발표하였다. 베를린 근교도시에 적용할 계획 강령은 베를린 교외지역을 1950년대, 60년대, 70년대 등 시대별로 구분하고, 시대 맞춤형으로 계획 강령을 적용하였다. 공통적으로 적용될 근교도시계획의 강령은 다음과 같다. 첫째, 기존의 베를린 도시설계와 비교하여 고밀도 개발을 지양한 것이다. 둘째, 다양한 도시기능을 수용할 수 있는 중심지 구성이다. 셋째, 베를린이 구축한 전통적인 주거단지의 특색을 유지하는 것이다. 넷째, 다양한 형태의 건물과 다양한 크기의 주거공간을 제공하여 사회통합의 기능을 수행하도록 하는 것이다. 1992년 세명의 건축가 모레/루블레/유델(Moore/Ruble/Yudell)은 베를린 근교도시 계획 강령을 충실하게 이행하는 근교도시 카로우 지들룽(Siedlung Karow)을 베를린 북부지역에 계획하였고, 이 지역은 1990년대의 근교도시 계획의 모범사례로 꼽히고 있다. 그리고 또 다른 근교도시로는 건축가 마틴(Martin)과 그의 파트너 페흐터(Paechte)가 계획한 베를린 북동지역에 위치한 정원도시 루도뷔(Gartenstadt Rudower)를 들 수 있다.

베를린 근교도시 건설계획은 단지 베를린의 행정구역 안에서만 진행되지 않고 베를린과 지역경계를 맞대고 있는 지방자치단체의 행정구역으로까지 확산 되어

슈판다우어 타헬레스(Tacheles)부터 두아니 프라터 지벌크(Duany-Plater-Zyberk)까지 이르는 도시구역 개발 프로젝트, 2001

Source: Bodenschatz, Harald (ed.): Renaissance der Mitte, Berlin 2005, p. 287.

페이지 106:
위)
티어가르텐(Tiergarten)과 란트베르카날(Landwehr-kanal) 사이의 건물군, 2006

Photo by Philipp Meuser

아래-왼쪽에서부터 오른쪽으로)
마흐라이트 파트너(Machleidt)와 발터 슈텝프(Walther Stepp)가 설계한 클링겔회퍼 드라이엑크(Klingel-hoefer-Dreieck_티어가르텐 드라이엑크 Tiergarten-Dreieck)와 쾨비스 드라이엑그(Koebis Dreieck) 구역 ; 클라우스 테오 브렌너(Klaus Theo Brenner)가 설계한 외교 공원

Source: AIV (ed.): Berlin und seine Bauten. Part I: Städtebau, Berlin 2009, p. 408.

페이지 108/109:
베를린 시내 계획작업(Planwerk Innenstadt Berlin), 1996

Source: Senatsverwaltung für Stadtentwicklung.

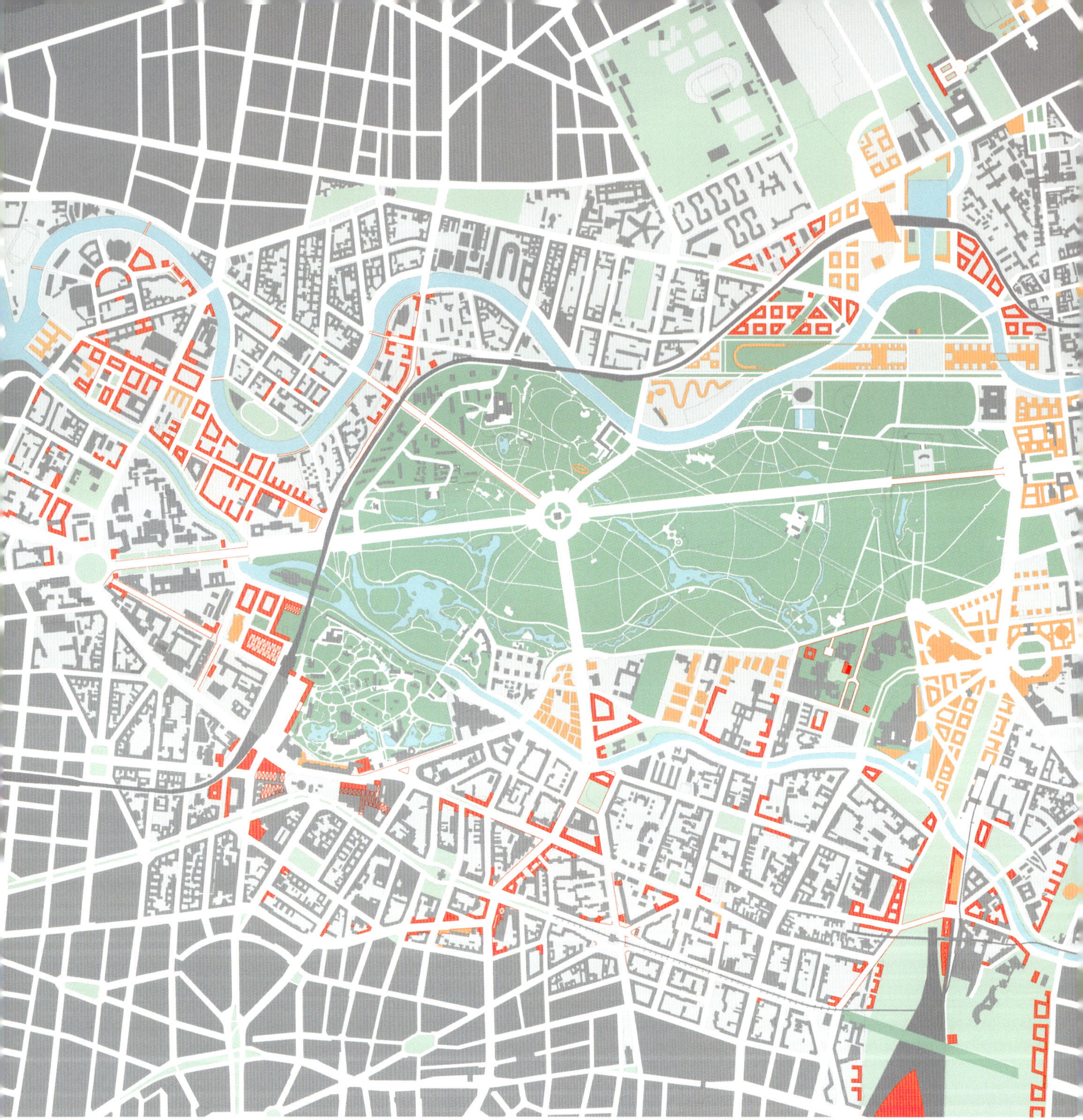

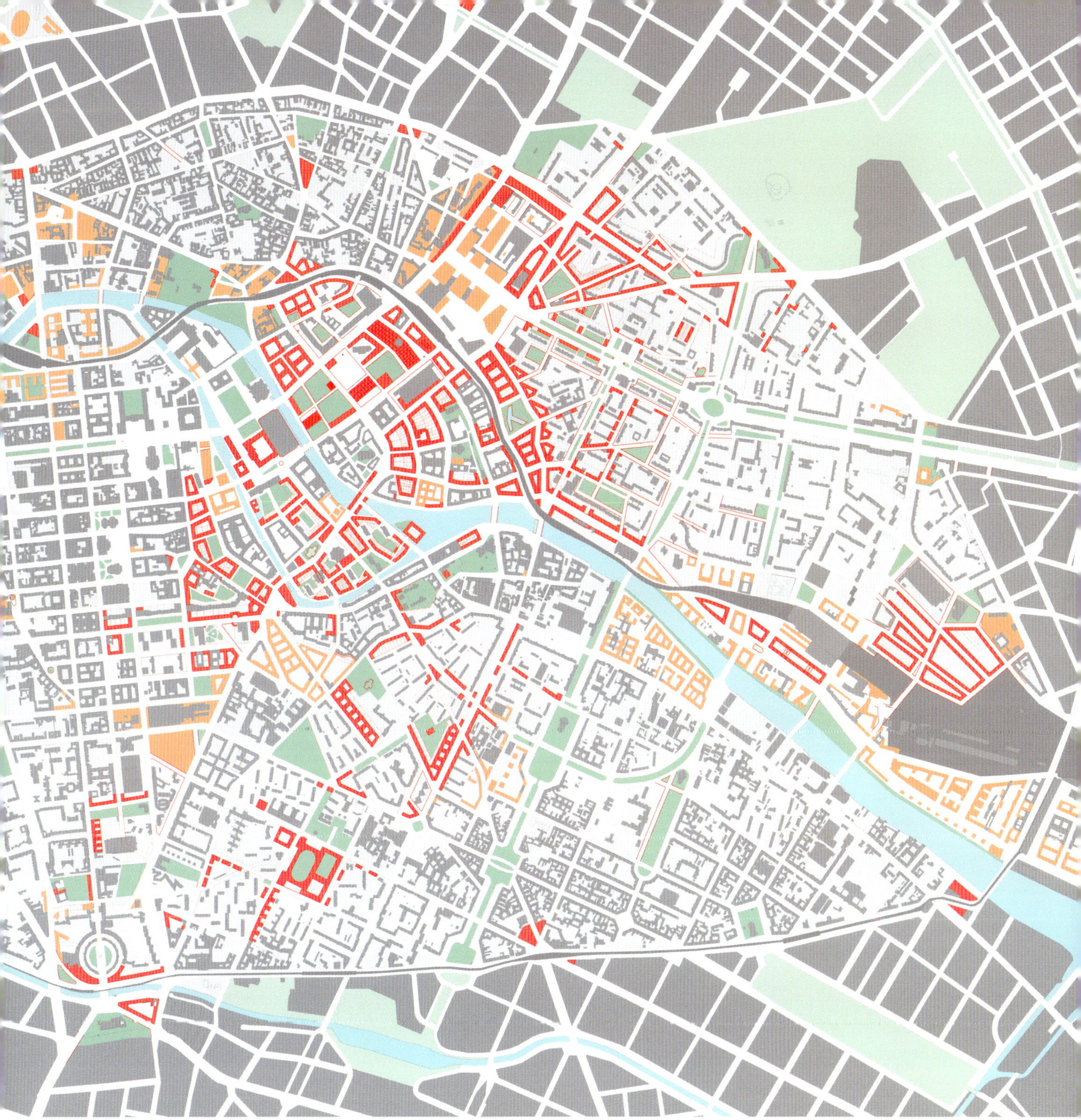

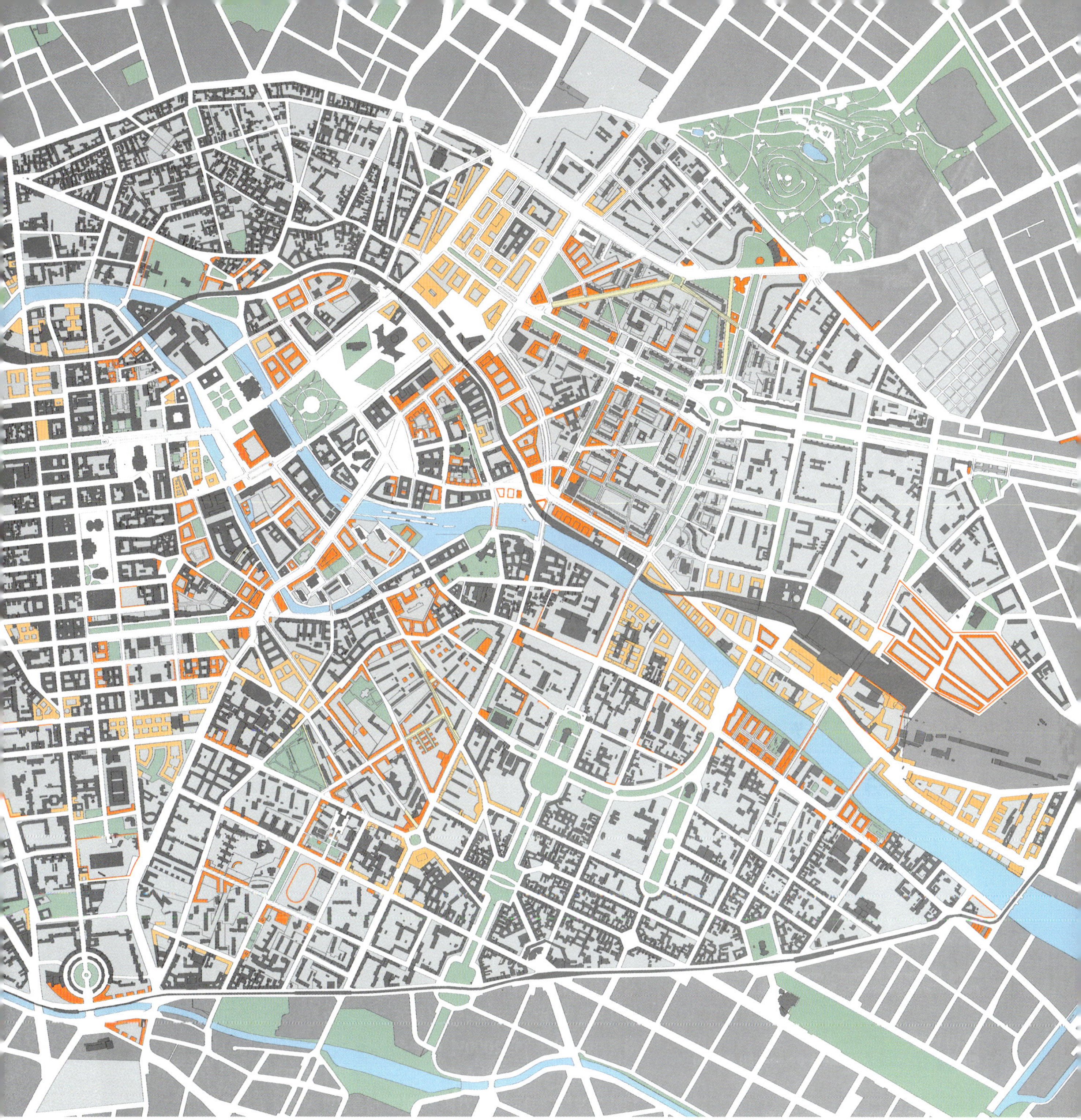

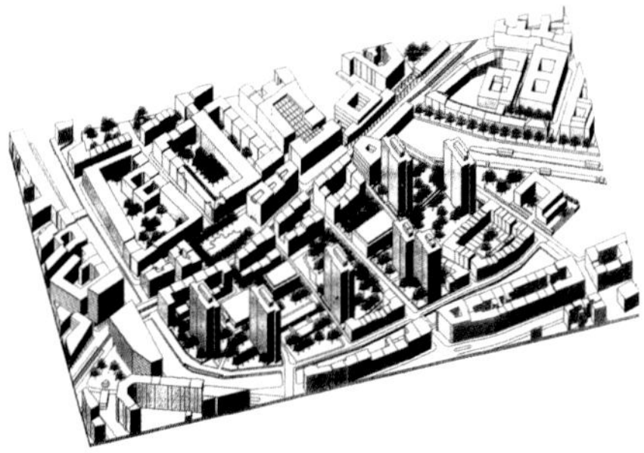

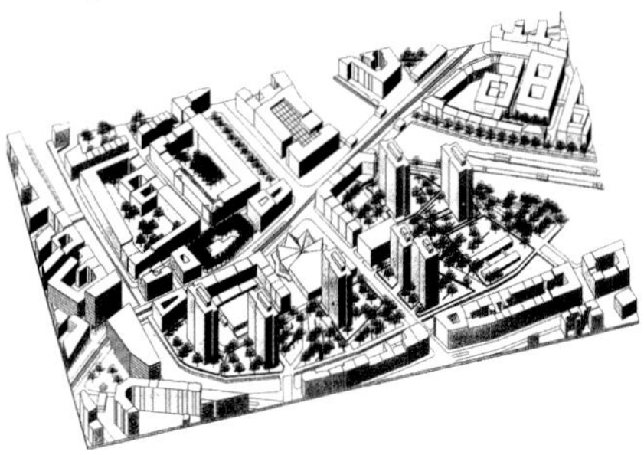

베를린 시내 계획작업(Planwerk Innenstadt Berlin)의 어부섬 구역(Fischerinsel)에 대한 Harald Bodenschatz(하랄드 보덴샷쯔)와 Buero fuer Urban Projekte의 도시설계안

Sources: Senatsverwaltung für Stadtentwicklung and Harald Bodenschatz Collection.

페이지 113:
근교 인구밀집 지역에 대한 지역개발계획, 1998
검은색으로 표식된 지역은 개발 가능한 지들룽 구역, 노란색 사각형은 그린벨트 구역, 노란색 사각형 안에 검은색 원으로 표식된 구역은 지역공원으로 계획된 구역이다.

Source: Ministerium für Umwelt, Naturschutz und Raumordnung, Potsdam/Senatsverwaltung für Stadtentwicklung, Berlin.

페이지 110/111:
베를린 시내 계획작업(Planwerk Innenstadt Berlin), 1999

Source: Senatsverwaltung für Stadtentwicklung.

건설되었다. 1996년 헬게 시페렉크(Helge Sypereck)의 계획한 베를린 서부지역의 정원도시 팔켄회(Gartenstadt Falkenhoeh)와 1993년 크리어&콜(Krier&Kohl)이 계획으로 베를린 남서부지역 포츠담시에 건설된 지들룽 키르흐스타이히펠드(Siedlung Kirchsteigfeld)가 대표되는 사례들이다.

지들룽 키르흐스타이히펠드는 최근에 건설된 근교도시의 가장 대표적인 모범사례일 것이다. 이 지들룽(Siedlung)은 계획단계에서부터 포츠담시의 중심가와 고속 전철로 연결되도록 계획되었다. 이 근교도시는 롭 크리어(Rob Krier)와 크리스토프 콜(Christoph Kohl)이 설계하고 민간투자가인 클라우 그로트(Klaus Groth)에 의해 개발되었다. 그는 1980년대에 진행된 서베를린의 국제건축박람회(IBA)때부터 활발하게 활동하였던 민간투자가이다. 이 지들룽(Siedlung)은 전통적인 도시설계의 요소로 간주되는 공공가로와 광장을 이용하여 도심지와 부도심지를 서로 조화롭게 연결하고 있다. 건물군의 배치에 있어서는 건물과 그 주변 녹지공간들이 하나의 공간으로 자연스러운 연결이 이루어지도록 설계하였다.

지들룽 키르흐스타이히펠드(Siedlung Kirchsteigfeld)도 예외없이 통일 이후 개발된 근교도시들이 겪게되는 어려운 난관에 부딪히게 된다. 그것은 전문가들의 예측과 달리 베를린의 도시인구가 급속도로 증가하지 않았다는 점이다. 근교도시의 대규모 주거단지(Siedlung) 건설에 의한 과잉 공급된 주거공간에 대한 비판의 목소리는 점점 더 커져만 갔다. 주거공간이 과잉 공급된 것과 반대로 근교도시에는 그 규모에 비하여 상업 및 서비스시설은 턱없이 부족하였다. 지들룽 키르흐스타이히펠드(Siedlung Kirchsteigfeld)의 경우는 부족한 상업 및 서비스시설의 확충을 위해 지들룽 인근지역에 새로운 쇼핑센터를 건설하여 새로운 상권을 가진 근교도시의 중심지를 구축하고자 하였으나, 포츠담시의 반대로 이 계획안은 무산되었다.

제2단계 (1995-1999)

통일 이후 베를린 도시설계의 변화의 2단계는 과도기적 변화의 단계이다. 2단계의 도시설계의 변화는 도시설계적 이슈와 전혀 관련성이 적은 정치적 이슈에서부터 시작되었다.

베를린시 정부는 2000년 하계 올림픽 유치를 희망하고 개최 후보지 선정에 공모하였다. 반세기의 냉전시대의 종말을 상징하는 독일 통일 그리고 그 중심의 상징적 장소인 통일수도 베를린이라는 거대한 명분을 가지고 하계 올림픽 유치의 출사표를 던졌다. 국제적인 관심과 지지를 요청하며 올림픽 요치에 큰 기대를 걸었지만, 아쉽게도 2000년 하계 올림픽 개최지로 호주 시드니가 선정되었다. 이 사건은 통일 직후 베를린에 팽배한 사회적 분위기, 즉 통일 독일의 수도 베를린 미래에 대한 과도한 낙관론으로 가득 차 있던 베를린의 사회적 분위기를 여과없이 보여준 사건이었으며 무모한 도전이었다.

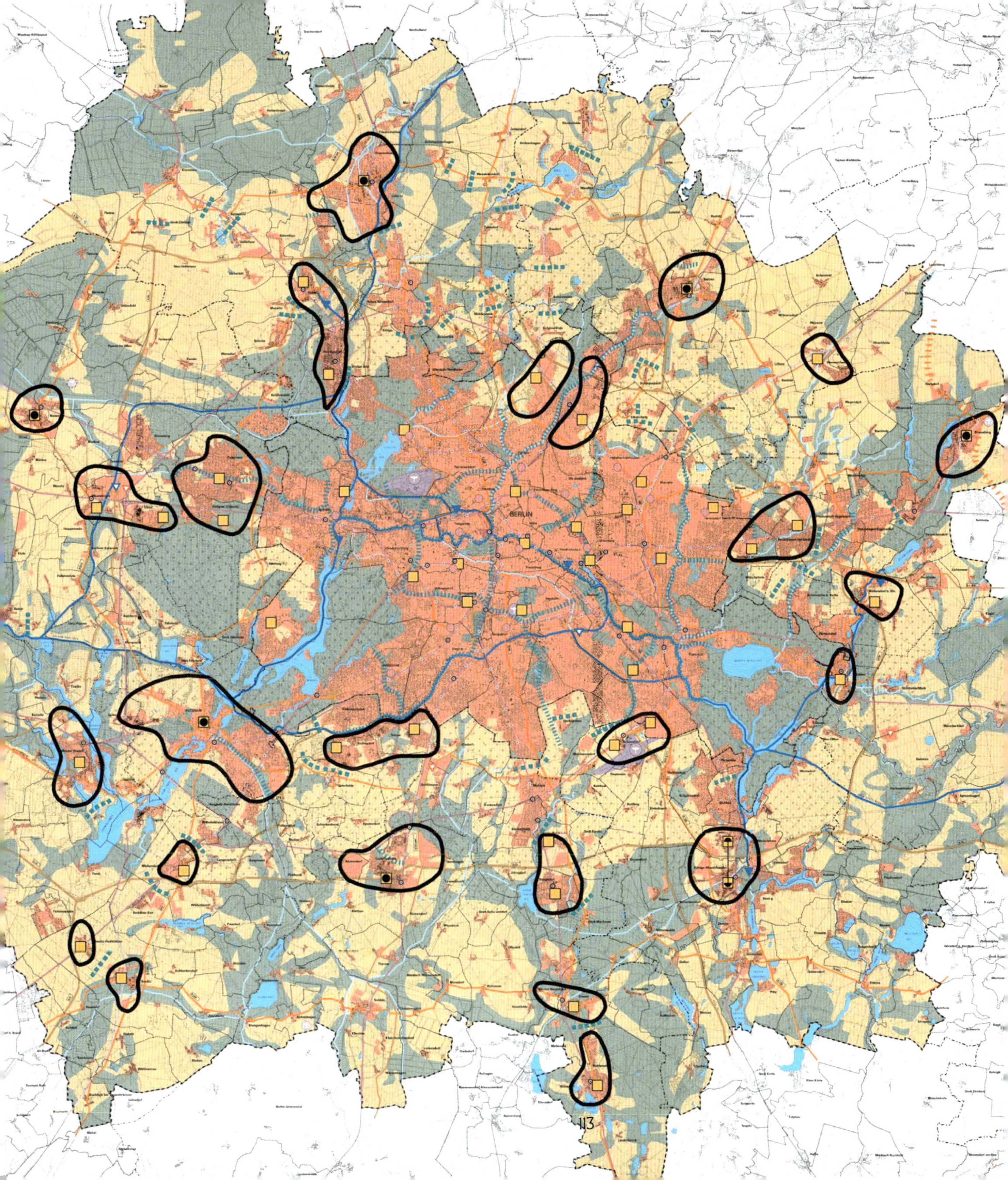
BERLIN

베를린의 미래에 대하여 유쾌하고 장밋빛 전망으로 가득했던 사회적 분위기는 신기루처럼 점점 사라지고, 저녁노을이 지면 암흑과 같은 어둠이 찾아오듯 현실은 부정적이었다. 부동산 시장은 침체기를 겪게 된다. 주택시장은 냉각되었고 계획되었거나, 공사가 진행 중인 오피스 건물의 수익성에 대한 부정적인 전망은 쏟아졌다. 제1단계에서 과감하게 추진되었던 근교도시 개발정책은 열매도 맺기 전에 중단되었다.

베를린시 정부는 고소득층 가구의 교외지역 이주로 인한 부작용을 우려하여 베를린 도시개발 정책을 교외지역 개발에서 도심지 개발로 정책방향을 선회하였다. 즉, 베를린시 외곽지역에 근교도시를 개발하여 도시기능 분산화를 추진하던 정책은 중단하고 베를린 중심지에 새로운 주거지역을 개발하여 베를린 중심지에 도시기능의 집중화시키는 도시개발 정책을 새롭게 수립하게 된다. 물론 베를린 중심지의 주택 공급은 민간개발업체의 몫이었다. 이러한 도시개발 정책의 전환은 1996년 베를린 시내계획작업(Planwerk Innenstadt Berlin)이라는 도시설계 프로젝트 명으로 일반에 공개되었다. 이 프로젝트가 추구한 도시설계 개념은 도시평면의 비평적 복원이었다. 기존의 도로건설계획은 축소되거나 폐지되었고, 신도로건설이 계획되었던 도시공간은 중산층을 대상으로 한 주택단지 건설로 계획안이 변경되었다.

베를린 시내계획작업(Planwerk Innenstadt Berlin)에 대한 저항과 반감이 있는 가운데 이 사업의 실효성에 관한 난상토론이 이어졌고 사업의 부족한 부분에 대한 수정보완이 여러 번 이루어진 후 사업은 실행되었다.

개발에 대한 비판과 견제 그리고 부정적 사회적 분위기 속에 사로잡혀 있던 통일 후 베를린 도시설계의 제2단계에서는 어쩌면 어떠한 대형 도시설계 프로젝트도 추진될 수 없었던 것은 당연한 일이었을 것이다. 베를린 시정부 주도 하에 추진된 베를린 시내계획작업의 일환으로 규모 있는 몇몇 도시설계안만이 실현되었을 뿐이다. 제1단계의 과도한 낙관론에 사로잡힌 나머지 착수된 주거공간의 과잉공급으로 인하여 제2단계에서는 주택건설에 관한 어떠한 도시설계 프로젝트도 실행되지 못하였다.

제2단계에서 추진된 규모있는 몇몇 도시설계사업 중에서 주목할 만한 사업은 슈판다우어 포어슈타트(Spandauer Vorstadt) 구역에 위치한 타헬레스(Tacheles) 개발계획 사업이다. 이 사업은 오랜 준비기간을 길쳐 마침내 마이에미 출신의 건축가인 듀아니 프라터 지벌크(Dunany-Plater-Zyberk)의 설계안에 따라 2001년 공사가 시작되었다. 이 사업은 통일 수도 베를린으로 이전하게 될 독일연방기관들의 청사들을 건설하고 도시기반시설을 구축하는 계획안으로서 베를린 도시설계의 변화 제1단계 기간에 사업안이 계획되고 현재까지도 사업이 진행 중이다.

베를린 도시구조를 새롭게 변형시킬만한 여러 대형 도시설계 사업들, 특히 알렉산더 광장계획이나 베를린 신중앙역 구역계획안 등이 보류되고 있거나 실현되지 못하고

훔볼트 포럼스(Humboldt-Forums)에 당선된 프란코 슈텔라(Franco Stella)의 계획안 모형, 2008

Source: Bundesamt für Bauwesen und Raumordnung.

프리드리히스베더(Friedrichsweder)의 지구상세계획안, 2003

Source: Senatsverwaltung für Stadtentwickl

페이지 114:
훔볼트 포럼스(Humboldt-Forums)라 명명된 베를린궁전 재건 국제공모전 당선안이 2008년 11월 28일 발표됨

Photo by Philipp Meuser

몰켄마크트(Molkenmarkt) 계획안-조감도, 2008

Source: Senatsverwaltung für Stadtentwicklung.

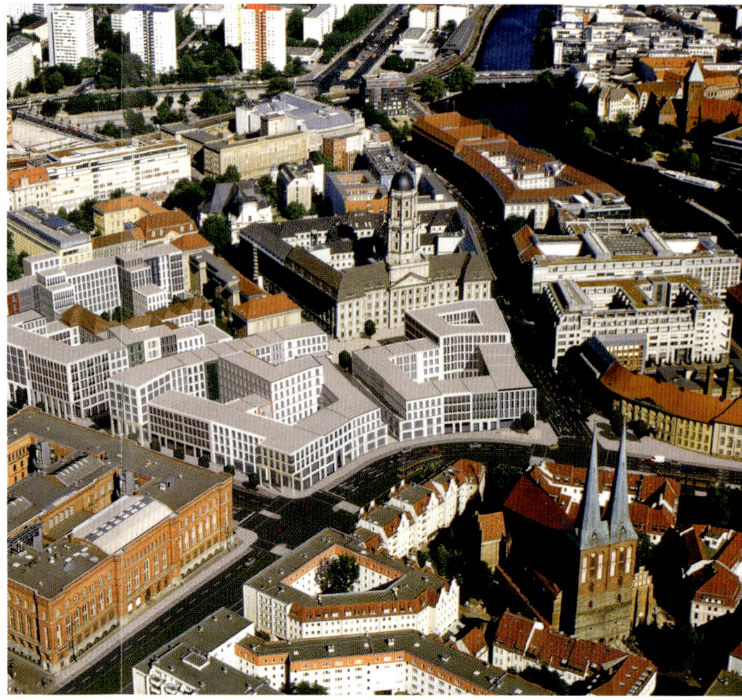

몰켄마크트(Molkenmarkt)의 현재 모습, 2008

Photo by Philipp Meuser

페이지 119:
옛 도시구획 필지의 선과 겹쳐 놓은 크로스터(Kloster)구역의 마스터계획안, 2005

Source: Senatsverwaltung für Stadtentwicklung.

페이지 116/117:
프리드리히스베더(Friedrichsweder)의 도시형주택단지, 2009

Photo by Philipp Meuser

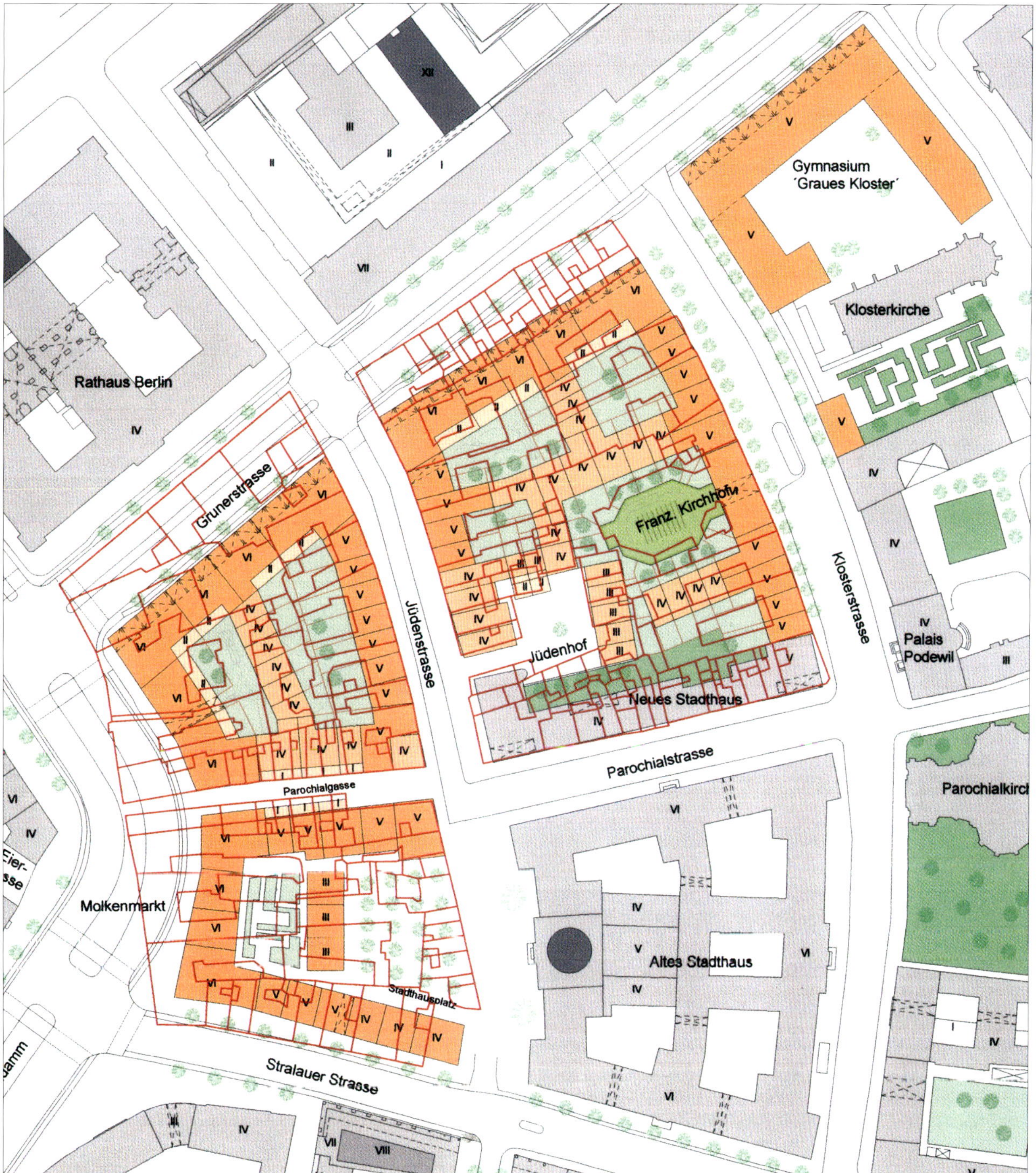
Gymnasium
´Graues Kloster´
Klosterkirche
Rathaus Berlin
Grunerstrasse
Franz. Kirchhof
Jüdenstrasse
Klosterstrasse
Jüdenhof
Palais
Podewil
Neues Stadthaus
Parochialstrasse
Parochialgasse
Parochialkirc
Molkenmarkt
Altes Stadthaus
Stadthausplatz
Stralauer Strasse

20세기 초반의 샬롯텐부르크(Charlottenburg) 구역의 임대주택, 2009

Photo by Philipp Meuser

있는 상황에서 타헬레스(Tacheles) 개발계획사업의 실현은 베를린 도시구조 변화에 있어 주목할만한 의미가 있는 사업이다.

또 다른 도시설계 사업으로는 클링겔회퍼 드라이엑크스(Klingelhoefer-Dreieck, 티어가르텐 드라이엑크스 Tiergarten-Dreieck 명칭이 변경됨) 프로젝트이다. 마흐라이트 파트너와 발터 슈테프(Machleidt+Partner, Walther Stepp)는 베를린의 전통적 도시형태를 계승하고 새로운 도시 복합기능을 수용하도록 하는 계획안을 1995년 개최된 국제도시설계 공모전에 선보였고 당선되었다.

새로운 근교도시개발은 더는 진행되지 못하였다. 이미 개발이 시작된 근교도시들은 아파트형 주거단지 개발에서 단독 주택형 개발로 계획안이 변경되어 진행되었다. 베를린과 경계를 맞대고 있는 브란덴부르크 주에 속한 지방자치단체들은 근교도시 개발에 있어 베를린 시정부와 긴밀한 협력을 하고 저가의 단독주택들로 채워진 근교도시 개발에 힘을 싣고 추진하였다.

베를린 시정부와 이웃도시의 지방자치단체가 협력하여 지역연합개발계획안을 수립하였다.

1996년 이후 베를린시와 브란덴부르크 주는 두 지역의 경계구역개발을 공동으로 추진하는 토지계획과를 설립하고 1990년 후반까지도 베를린과 브란덴부르크의 모호한 경계선을 바로 잡고 경계지역 개발에 노력을 기울였다. 그 결과 중의 하나가 지역공원계획안이다. 이 계획안은 이 두 지역 기관의 긴밀한 협력 아래 지속가능한 발전과 성공을 이끌 것으로 기대를 모으고 있다.

제3단계 (1999년 이후)

베를린 시내계획작업(Planwerk Innenstadt Berlin)은 착수된지 불과 3년이 지난 시점인 1999년에 종료되고 만다. 새로운 베를린을 향한 무한한 기대와 무조건적인 갈망으로부터 각성이 될수록 현실적인 어두운 전망은 더욱더 커져만 갔고 건설시장의 침체는 계속되었다.

베를린 장벽이 무너진 후 착수된 수많은 도시설계사업의 수행결과에 대한 진지한 성찰이 이루어지지 않은 채, '끊임없이 반복되는 올바른 도시설계는 무엇이며, 어떠한 방향으로 향하여야 하는가?'에 관한 진부한 논쟁은 통일 이후 베를린 도시설계 정책이 범한 결정적 오류이다.

제3단계에서 맞이한 베를린의 미래는 우울할 정도로 여전히 불확실성에 놓여 있었다. 근교도시 개발사업의 규모는 축소되었고, 또한 하우스보그타이 광장(Hausvogtei Platz) 같이 역사적 보존 가치를 지닌 지역의 재건사업은 더는 진행되지 못하고 있었다. 이렇게 암울한 상황 속에 놓인 제3단계에서는 거대 민간자본의 주도로 착수된 몇몇 도시설계 사업만이 활기를 띄며 진행되었다. 알렉스 프로젝트라 불리는 알렉산더

페이지 122/123:
제1차 세계대전 전의 조합원 주거단지(122페이지 사진, 비좁은 주정을 갖춘 고밀화 블록형 주거단지, 라인니쉔 구역), 제1차 세계대전 후에 건설된 주거단지(123페이지 사진), 2009

Photo by Philipp Meuser

광장(Alexander Platz)의 동쪽지역에 세워진 쇼핑센터(2002년부터 진행)와 베를린 동부기차역의 엔터테이너먼트구역 개발사업(2003년부터 진행)이 대표적으로 민간자본에 의해 진행된 도시설계사업이다. 이 두 개의 프로젝트는 동베를린 지역과 서베를린 지역의 균형적 도시발전을 위한 목적으로 진행된 사업이다.

제3단계에서 진행된 동베를린 지역의 도시설계 사업 중 프리드리히스베더(Friedrichsweder) 프로젝트는 이목을 집중시킨다. 이 프로젝트는 프리드리히스베더(Friedrichsweder)에 쌍둥이 타워를 건설하는 것으로 베를린 도시계획심의위원회에 의해 베를린 시내계획작업(Planwerk Innenstadt Berlin)의 구체화라는 명분으로 2003년에 사업이 승인되어 진행되었다. 이 쌍둥이 타워건설 계획은 동베를린 시내에 새로운 주거 공간을 구축하는데 목적이 있었다. 새로운 주거 공간 구축을 위해 모범으로 삼은 대상은 미국의 대도시 구축에 있어 오랫동안 뿌리 깊게 자리잡은 고층 타워형 주상복합 건물이다. 저층으로 분산된 주거공간을 고층의 타워로 집중화시킴으로써 얻어지는 외부공간을 공원으로 조성하고 마치 공원 속에 주거단지가 형성된 것과 같은 이미지를 연출하고 있는 이 쌍둥이 타워는 베를린 도시설계의 전통성을 계승하면서도 현대적 도시공간을 형성하였다는 찬사를 받고 있다. 무엇보다도 이 프로젝트가 제3단계의 베를린 도시설계의 변화에 있어 시사하는 점은 민간자본에 의해서도 매력적인 주거공간과 공동공간이 형성될 수 있다는 점이며, 베를린 시내계획작업이 단지 정부주도의 도시사업이 아닌 민간합동의 도시사업으로 발전할 수 있다는 유동성을 확보하였다는 점이다.

프리드리히스베더(Friedrichsweder)의 쌍둥이 타워의 성공에 힘입어 이러한 형식의 도시설계 프로젝트들이 속속 계획되었으며, 그 대표적인 사례가 헬무트 이만(Helmut Riemann)과 울라 루터(Ulla Luther)가 계획한 몰켄마크트(Molkenmarkt)의 크로스터(Kloster) 구역 프로젝트이다.

2008년 말에는 베를린 도시설계에 있어 또 한차례 큰 논쟁을 불러일으키는 국제 도시설계공모전이 개최된다. 이 공모전의 주제는 구동독의 국회의사당이 철거된 자리에 베를린 궁전(Berliner Stadtschloss)을 복원하는 것이며, 이 도시설계 프로젝트는 훔볼트 포럼스(Humboldt-Forums)라 불리게 된다. 공모전에서 웅장하게 세워져 있던 베를린 궁전의 바로크형식의 파사데를 복원시키는 계획안을 제시한 비첸차 출신의 이탈리아 건축가 프란코 슈텔라가 당선되었다. 이 사업이 실현되기 위해서는 산재된 많은 장애물들을 넘어서야 하는 것은 당연한 일일 것이다.

세계문화유산으로 등재된 부르노 타우트(Bruno Taut)가 계획한 그로세지들룽 브리츠(Grosssiedlung Britz), 1925-1930

Photo: Berlin Partner GmbH/FTB-Werbefotografie

세계문화유산으로 등재된 부르노 타우트(Bruno Taut)가 계획한 지들룽 쉴러파크(Siedlung Schillerpark), 1924-1930

Source: Landesdenkmalamt Berlin (ed.): Siedlungen der Berliner Moderne. Berlin 2007, p. 75

5. 베를린-유럽형 도시설계의 모범

베를린은 의심할 여지없는 유럽형 도시설계의 모범이다. 베를린은 600년 동안 지역도시로 특정한 지역에 국한된 영향력만을 발휘하며 작은 도시로만 머물러

세계문화유산으로 등재된 부르노 타우트(Bruno Taut)가 계획한 가든도시 팔켄베르크(Gartenstadt Falkenburg), 1913-1916

Photo: Landesdenkmalamt Berlin/Wolfgang Bittner

세계문화유산으로 등재된 부르노 타우트(Bruno Taut)가 계획한 주거도시 칼 라기엔(Wohnstadt Carl Lagien), 1928-1930

Photo: Landesdenkmalamt Berlin/Wolfgang Bittner

세계문화유산으로 등재된 오토 루돌프 살비스베르크(Otto Rudolf Salvisberg)가
계획한 바이세 슈타트(Weisse Stadt), 1929-1931

Photo: Landesdenkmalamt Berlin/Wolfgang Bittner

세계문화유산으로 등재된 한스 샤론(Hans Scharoun)이 계획한 그로스지들룽 지멘스슈타드(Grosssiedlung Siemensstadt), 1929-1934

Photo: Landesdenkmalamt Berlin/Wolfgang Bittner

park inn

있었지만, 19세기 후반의 거대한 산업화 과정을 통해 "대도시 베를린"으로 성장하였다. 대도시 베를린으로 가는 길목에서 진행된 수많은 도시설계 프로젝트는 베를린을 유럽도시설계의 주류로 편승시켰다. 제1차 세계대전 이전에 베를린에서 진행된 도시형 주거단지 계획과 역중심의 근교도시 주거단지계획은 유럽형 도시설계의 모범이라 할 수 있다. 이 밖에도 바이마르 제국시대에 추진된 중산층 계급을 위한 주거단지 계획으로 시작되어 근교도시의 대규모 주거단지로 발전한 지들룽, 19세기 후반의 도시의 모습을 보존하고 도시의 전통적 도시경관의 복원을 목적으로 진행된 신중하고 주의 깊은 도시재생, 그리고 1980년대에 진행된 도시내부평면의 비평적 재건을 위한 도시재생 등을 유럽형 도시설계의 모범으로 뽑을 수 있다.

비평적 관점에서 베를린 도시설계의 부정적인 면을 살펴보면, 베를린은 세계 최대의 임대주택도시라는 점과 1970년대 이후 동・서 독일로 분단되어 있던 시기에 동・서 베를린 지역에 건설된 고층 아파트로 구성된 대규모 주거단지 지들룽이다. 또한 베를린에 건설된 근교도시의 주거단지는 나쁜 도시설계의 예로써 세계적으로 거론되는 것을 피할 길이 없어 보인다.

5.1 제국시대의 도시구성

오늘날 형성된 대도시 베를린을 위한 토대와 기반은 제국시대에 세워진 것이다. 도시의 중심지는 기념비적으로 구성되어 제국의 도시를 상징하도록 계획하였고, 도심지를 둘러싼 그 주변지역은 고밀도 주택들로 채워가며 외곽으로 점점 확장하였다. 이로 인하여 베를린은 세계 최대의 임대주택도시라는 오명을 수십 년 동안 갖게 된다. 도시 내부가 고밀도 주택으로 채워지는 동안, 도시 외곽지역은 가든 정원 도시, 그리고 고급 빌라 단지들이 계획되었고, 아주 미미하지만 노동자 계급을 위한 주거단지 등이 건설되었다.

이 시기에 토지협의회는 중산층을 위한 도시구역을 획일적이고 대규모로 개발하였다. 이 도시구역은 블럭형 도시구조로 구획되었고 잘 정비된 도시가로, 여유로운 광장 및 녹지공간 등으로 채워졌다. 바이얼리쉐 구역(Bayerische Viertel), 그리고 라인니쉐 구역(Rheinische Viertel)이 이 시기에 개발된 중산층 도시구역이다. 이 두 지역의 도시설계적 특징은 주거구역과 도심지를 대중교통 수단으로 연결되도록 계획하였다는 점이며, 이러한 도시설계 계획수법은 오늘날에도 매우 유효하며 즐겨 사용되는 계획수법 중 하나이다. 이 두 지역은 당시의 유럽 도시설계의 기준에서 볼 때 부르주아 계급을 위한 도시구역 개발에 속한다. 당시에 사용되던 부르주아 계급을 도시개발의 계획수법은 도시 근교지역에 고급 빌라형 주택단지를 건설하고 전철 등과 같은 대중교통 수단으로 도심지와 연결시켰다. 전철역은 지역의 중심지가 되었으며

페이지 128:
논쟁의 중심에 놓인 베를린 미테(Mitte), 2009, 도심공원 또는 베를린 궁전 재건(훔볼트 포럼_Humboldt-Forums), 베를린 시청사 또는 마리엔 구역

Photo by Philipp Meuser

광장이 형성되고 광장을 중심으로 고급 주택들이 건설되었다. 이 당시에 건설된 부르주아 계층을 위한 도시구역으로는 정원도시 플로나우와 빌라도시 리히터펠더의 서구역 등이다.

5.2 제1차 세계대전부터 1980년대까지의 근교도시 지들룽의 도시구성

제1차 세계대전은 대도시 베를린의 도시발전을 가로막은 전쟁이었으며 가혹한 전환점이 되었다. 현대도시설계의 역사상 가장 잔혹한 시기였다. 유럽 경제는 전쟁으로 장기간의 침체기에 빠지고 민간 주도로 활발하게 이루어지던 도시설계 사업과 토지협회가 주관하던 도시설계 사업은 축소되거나 폐지되었다. 혼란스러운 시대적 상황과 맞물려 전쟁 전부터 팽팽하였던 도시개발에 대한 적개심이 표면적으로 표출되었다. 이러한 사회적 분위기에 따라 자연스럽게 사회주의적 관점의 도시설계 방법론이 전면적으로 부상하게 되었고, 대규모 공공주택단지들이 속속 계획되었다. 당시의 도시설계가 추구한 정치적 목표는 대도시로 급성장한 베를린의 도심지 기능을 외곽지역으로 분산화시키는 것이었다. 즉, 노동자 계급을 위한 주거단지를 도시 외곽지역에 분산시키고 근교도시화를 만들고자 한 것이다.

대도시 베를린 시기의 도시설계는 모두 비판의 대상이 되었다. 부르주아 계급을 위한 고급 빌라단지 계획안이든, 노동자 계급을 위한 지들룽 계획안이든, 계획안의 대상과 계획목표와 상관없이 비판의 대상일 뿐이었다. 물론 급격하게 현대적 발전을 이룬 대도시 베를린을 향한 무한한 찬사와 숭배의 시기도 있었다. 독일 정치역사의 가장 큰 오점으로 남은 나치시대인 1930년대에서 1940년대에는 대도시 베를린을 향한 무한한 찬사가 남발되었으며 정치적으로도 이를 이용하였다.

1920년대의 지들룽은 매력적인 계획안으로, 1930년대와 1950년대의 지들룽은 여전히 가장 사랑받는 주거단지 계획안으로 평가받고 있으며, 1960년대와 1980년대의 동 · 서 베를린 양 진영에서 계획된 지들룽 계획안은 부정적인 평가를 받고 있지만, 시대적 요구에 따라 변화된 근교지역의 대규모 주거단지 지들룽의 도시계획수법은 다변화의 연속성을 지니고 있다는 평가를 받고 있다. 무엇보다도 바이마르 제국시대의 지들룽들은(가든도시 팔켄베르크(Gartenstadt Falkenburg), 지들룽 쉴러파크(Siedlung Schillerpark), 그로스지들룽 브리츠(Grosssiedlung Britz), 주거도시 칼 라기엔(Wohnstadt Carl Lagien), 바이세 슈타트(Weisse Stadt) 및 그로스지들룽 지멘스슈타트(Grosssiedlung Siemensstadt) 유럽도시설계의 역사에 있어 신분적 지위가 상승한 노동자 계급을 위한 현대화된 주거단지 계획안이었다는 점에서 가치와 의미를 지닌 주거단지들로 평가를 받고 있으며, 이러한 평가에 맞게 2008년 유네스코 세계문화유산에 등재되었다.

페이지 131:
베를린 도심지의 르네상스의 열어가는 슈판다우 포어슈타트 (Spandauer Vorstadt), 2006

페이지 132/133:
베를린의 미래에 대한 도전: 템펠호프 공항(Tempelhof Flughafen)지역, 2009

Photos by Philipp Meuser

페이지 134:
오버쇠네바이데(Oberschoeneweide)의 옛 공업단지, 2009

페이지 135:
미디어 슈프레 지역이라 일컬어지는 슈프레강 동부지역의 수변공간, 2008

5.3 1970년대 초 이후의 도시 내부공간의 재생

1970년대는 대도시 베를린의 성장주의적 발전에 대한 적개심으로부터 작별을 구하는 과도기적 시기였다. 이 작별은 빈번하게 발생하는 사회계층간의 갈등의 결과에서 초래한 것이다. 과도기적 변화를 이끈 중요한 사건이 1975년 유럽의 도시문화유산 보호운동이다. 이 운동과 더불어 유럽의 역사적 도시들을 재건하고 역사적 가치를 보존하고자 하는 도시재생사업이 시작된다. 도시공간의 역사성 복원의 대상지는 산업혁명 이후의 도시공간의 모습뿐만 아니라 제1차 세계대전 이전의 고밀도 도시확장 및 개발이 이루어진 지역을 포함하였다.

Allianz

유럽을 대표하는 이상적 도시설계 모델이라는 관점에서 서베를린에서 진행된 도시문화유산 보호운동의 물결과 신중하고 주의 깊은 도시재생은 유럽 도시설계의 역사에 있어 한 획을 긋는 가치 있고 주목할 만한 도시설계 사업이다.

제국시대에 형성된 고밀도 임대주택도시의 도시구조를 보존하고 개선시키고자 한 도시재생 사업의 흔적은 도시내부 곳곳 어디서나 찾아볼 수 있다. 특별히 크로이츠베르크 도시구역의 샤미쏘 광장(Chamissoplatz)을 둘러싼 지역은 대표적인 신중하고 주의 깊은 도시재생으로 평가 받는다.

하나의 베를린으로 다시 태어난 베를린의 중심지는 통일 독일의 수도 베를린을 위한 도시설계의 중심지이자 정치・사회적 관심의 중심지가 되었다. 무엇보다도 이 지역은 도시내부평면의 비평적 재건을 위한 도시재생에 있어 중요한 대상지가 되었다.

전통적 도시내부평면의 비평적 재건을 위한 도시재생이 추구하고자 한 구체적이고 체계적인 완성형 도시설계 전략이 과연 무엇인가에 대한 과도한 논쟁과 갈등이 있었음에도 불구하고, 이 시기야말로 동시대의 유럽 도시와 비교하여 가장 돋보이는 베를린의 르네상스 시기였다. 동・서 베를린의 분단으로 반세기 동안 잃어버렸던 역사적 도시구역(파리저 광장(Pariser Platz), 하우스보크타이 광장(Hausvogtei Platz), 라이프찌거 광장(Leipziger Platz), 그리고 포츠담머 광장(Potsdamer Platz) 들이 다시 복원되거나 새롭게 개발 되었다. 물론 이 도시구역들에서 진행된 도시설계 사업들이야말로 세계의 주목을 받는 베를린 도시설계의 부흥을 이끌었다는 것은 부정할 수 없는 사실이다.

프리드리히 가(Friedrichstrasse) 복원 사업은 동・서 베를린의 분단으로 사라져버린 도시가로의 축을 재건한 도시재생의 모범적인 예이다. 또한 특별히 관심을 가지고 봐야 할 것이 프리드리히베더(Friedrichsweder)에 세워진 타운하우스에 도입된 새로운 유형의 주거공간이다.

베를린 도심지를 대상으로 진행된 비평적 재건의 도시재생 사업 중에서 슈판다우 포어슈타트(Spandauer Vorstadt) 구역은 베를린의 역사적 도심지의 부흥을 이끈 탁월한 예 중 하나이다. 이 지역은 원래 바로크시대에 중하계층을 위한 주거단지가 있었던 곳이지만 철거되고 그 흔적만 남아 있었다. 1989년 이후 지역은 도시문화유산 보호와 복원을 위한 지역으로 지정되어 다양한 도시재생 도시설계 사업이 진행되었다. 이 지역의 일부 구역은 성공적인 도시재생 사업을 위해 문화적, 상업적 이익을 일정부분 희생시켜야만 했지만, 역사적 복원과 현대적 재건이라는 다양성을 확보하며 문화와 상업공간을 구축하여 도시설계의 성공을 거두고 있다.

슈판다우 포어슈타트(Spandauer Vorstadt) 구역의 중심이자 문화공간과 상업공간의 다양성을 확보한 도시재생사업의 성공적 결과물을 보여주는 곳이 하케쉐마크트(Hackesche Marrkt)와 하케쉐 회펜(Hackesche Hoefen)이다. 도시마케팅 관점에서 슈판다우 포어슈타트의 도시재생이 전문가들 사이에서 논쟁은 여전히 진행 중이지만, 의심할 여지없이 슈판다우 포어슈타트는 비평적 도시재건의 도시재생사업에 있어 의미있는 가치로 인정받고 있다.

페이지 136:
미래 독일 항공 교통의 요충지 베를린-브란덴부르크 국제공항 (램브란트 국제공항), 2009

Photos by Philipp Meuser

슈판다우 포어슈타트 도시재생은 전통적 도시평면의 비평적 재건 내지는 회복을 위한 유동적 도시재생 전략의 가능성을 보여준 가장 설득력 있는 도시설계의 결과물이다. 그리고 시민사회단체로부터 끊임없는 비판의 소리가 들려오고 있음에도 불구하고, 슈판다우 포어슈타트(Spandauer Vorstadt)는 민・관 합동으로 진행된 성공적인 도시재생사업의 설득력 있는 대표작이다.

5.4 새로운 도시설계의 도전

베를린 중심지의 도시재생은 여전히 진행 중에 있다. 베를린 궁전의 재건을 위해 진행 중인 훔볼트 포럼에 제시한 바로크시대의 파사데의 복원은 많은 장애물을 극복해 나가야하며 슈프레 강과 알렉산더 광장 사이의 텅빈 도시공간을 위한 도시설계 제안들은 여전히 논쟁의 중심에 놓여있다.

새로운 베를린을 향한 도전적 도시설계 프로젝트들은 여전히 산적해 있다. 옛 도시공항, 철도역 구역, 항만 구역 그리고 공업단지 등 옛 동・서 베를린으로 분단되어 있었던 시기에 도시의 중요한 기능을 담당하던 구역이 통일 후 그 기능을 상실하고 유휴지로 전락한 이 구역들에 대한 도전적이며 대담한 도시설계의 가능성이 열려있다. 이에 대한 적절한 예로 슈프레강의 동쪽 구역의 강변을 따라(이 지역은 옛 동독지역의 공업단지와 항만이 있었던 곳이다.) 미디어 슈프레 구역이라 일컬어지는 도시 개발 사업을 들 수 있다. 이 사업은 수변을 따라 새로운 상업 및 주거 공간을 조성하고 베를린 북부지역의 철도교통의 중심지인 동역이 새로이 건설하는 프로젝트이다. 이와 같은 맥락으로 도심 속에 위치한 두 개의 공항 템펠호프 공항(Tempelhof Flughafen)과 테겔 공항(Tegel Flughafen)에 대한 도시재생 사업은 새로운 베를린을 향한 희망을 안겨줄 것으로 기대가 된다. 템펠호프 공항은 옛 군전용 공항으로 지금은 폐쇄되어 있으며, 테겔 공항은 장기적으로 폐쇄될 예정에 있다. 이 두 공항에 대한 도시재생 사업은 문화적, 사회적 및 친환경적 관점을 지향하며 진행되어야 할 것이다. 옛 동베를린 지역의 중심 공항이었던 쉐네펠트 공항(Schoenefeld Flughafen)은 도시 외곽지역에 위치하고 있으며, 이 공항은 베를린-브란덴부르크 국제공항(램브란트 국제공항)으로 새롭게 태어날 예정이다. 독일의 수도이지만 그 지위와 권위에 어울리지 않은 국제적 공항을 갖추지 못하고 있던 베를린이었지만 이제 램브란트 국제공항의 오픈으로 인하여 베를린이 유럽의 항공 교통의 요충지로 새롭게 태어나게 될 것이며 베를린의 근교지역의 도시공간구조의 변화를 가져다 줄 것이다.

베를린 도심에 위치한 옛 노동자 계급의 주거단지 구역인 노이쾰른(Neukoelln) 북부지역, 웨딩(Wedding) 그리고 모아빗(Moabit)의 주거환경을 개선시키고 안정시키는 도시재생 사업 또한 새로운 도시설계를 위한 중요한 과제이다. 이 지역들은 베를린의 도시발전에 기여한 옛 노동자 계급들의 집단적 주거지역이라는 오명에서 벗어나 이제는 다양한 민족들이 모여 사는 다문화 도시공간으로 탈바꿈하고 있으며 독일 사회의 다문화 융합이라는 도시적 삶의 모습을 실현할 수 있는 실험적 도시공간으로 주목받고 있다.

이 지역이 독일 사회에 적응하지 못하는 외국인들의 집단적 거주지역으로 슬럼화되지 않도록 지속적인 관심과 긍정적 도시재생사업들이 지속적으로 진행되어야 할 것이다.

이 장에서 언급한 베를린의 미개척 지역에 대한 새로운 도시설계의 도전은 베를린이 추구하고자 하는 사회복지형 도시로 가는 중요한 나침반 역할을 할 것이며 미래적 도시질서를 유지시켜 줄 것이다. 이 지역들에 적용해야 할 우선적 도시설계의 과제는 도시기능의 집중화이다. 이와 더불어 베를린의 위성도시 중심구역의 도시재생사업의 성패는 베를린의 미래를 결정짓는 또 하나의 중요한 열쇠이다. 이 지역에 실행할 도시재생사업의 중요 과제는 도시기반시설 및 주거환경 개선시키고 고밀도 복합 도시개발을 이루어 다양한 도시기능을 수행하도록 하여 지역의 경제의 활성화를 일으키는 것이다. 베를린 위성도시의 중심구역의 경제적 활성화는 베를린 도시 전체 발전에 긍정적이고 강한 영향을 줄 것이다.

무엇보다도 옛 산업·공업지역과 쇠퇴한 도심지(옛 노동자 계급의 집단적 거주지역)에 있는 역사적 도시문화 유산을 모범적으로 보존하고, 사회통합적이며 친환경적 도시재생사업을 수행함으로써 유럽적 도시설계의 역사와 미래를 만들어 나가게 될 것이다.

참고문헌

AIV zu Berlin (ed.)/Bodenschatz, Harald/Düwel, Jörn/Gutschow, Niels/Stimmann, Hans: Berlin und seine Bauten. Part I: Städtebau, Berlin 2009.

AIV zu Berlin (ed.): Berlin und seine Bauten. Part IV: Wohnungsbau Vol. A. Die Voraussetzungen. Die Entwicklung der Wohngebiete, Berlin/Munich/Düsseldorf 1970.

Arbeitsgemeinschaft der Berliner Wohnungsbaugesellschaften (ed.): Wohnen in Berlin. 100 Jahre Wohnungsbau in Berlin, Berlin 1999.

Bauausstellung Berlin GmbH (ed.): Internationale Bauausstellung Berlin 1987. Projektübersicht, Berlin 1991.

Bodenschatz, Harald: Platz frei für das neue Berlin! Geschichte der Stadterneuerung in der "größten Mietskasernenstadt der Welt" seit 1871, Berlin 1987.

Bodenschatz, Harald with Engstfeld, Hans-Joachim/Seifert, Carsten: Berlin auf der Suche nach dem verlorenen Zentrum, ed. by the Architektenkammer Berlin, Hamburg 1995.

Bodenschatz, Harald/Fischer, Friedhelm: Hauptstadt Berlin – Zur Geschichte der Regierungsstandorte, series Städtebau und Architektur ed. by the Senatsverwaltung für Bau- und Wohnungswesen, report no. 12, Berlin 1992.

Braum, Michael (ed.): Berliner Wohnquartiere. Ein Führer durch 70 Siedlungen, 3rd, completely revised and extended edition, Berlin 2003.

Dörries, Cornelia/Meuser, Philipp: Luftbildatlas Berliner Innenstadt, Berlin 2009.

Dubrau, Dorothee/Bezirksamt Berlin-Mitte (ed.): Architekturführer Berlin-Mitte, 2 vol., Berlin 2009.

Flierl, Bruno: Berlin baut um. Wessen Stadt wird die Stadt? Berlin 1998.

Geist, Johann Friedrich/Kürvers, Klaus: Das Berliner Mietshaus 1862–1945, Munich 1984.

Goebel, Benedikt: Der Umbau Alt-Berlins zum modernen Stadtzentrum. Planungs-, Bau- und Besitzgeschichte des historischen Berliner Stadtkerns im 19. und 20. Jahrhundert, Berlin 2003.

Hegemann, Werner: Das steinerne Berlin. Geschichte der größten Mietkasernenstadt der Welt, Berlin 1930, new edition, Berlin 1976.

Kleihues, Josef Paul (ed.): 750 Jahre Architektur und Städtebau in Berlin. Die Internationale Bauausstellung im Kontext der Baugeschichte Berlins, Stuttgart 1987.

Lampugnani, Vittorio Magnago/Mönninger, Michael (ed.): Berlin morgen, Ideen für das Herz einer Groβstadt, exhibition catalogue, Stuttgart 1991.

Landesdenkmalamt Berlin im Auftrag der Senatsverwaltung für Stadtentwicklung Berlin (ed.): Siedlungen der Berliner Moderne. Nominierung für die Welterbeliste der UNESCO. Housing Estates in the Berlin Modern Style. Nomination for the UNESCO World Heritage List, Berlin 2007.

Reichhardt, Hans J./Schäche, Wolfgang: Von Berlin nach Germania. Über die Zerstörungen der "Reichshauptstadt" durch Albert Speers Neugestaltungsplanungen, Berlin 1984, extended new edition 1998.

Rietdorf, Werner: Stadterneuerung. Innerstädtisches Bauen als Einheit von Erhaltung und Umgestaltung, Berlin 1989.

Schäche, Wolfgang: Architektur und Städtebau in Berlin zwischen 1933 und 1945. Planen und Bauen unter der Ägide der Stadtverwaltung, Berlin 1991.

Scheer, Thorsten/Kleihues, Josef Paul/Kahlfeldt, Paul (ed.): Stadt der Architektur. Architektur der Stadt. Berlin 1900–2000, Berlin 2000.

Schinz, Alfred: Berlin, Stadtschicksal und Städtebau, Berlin 1964.

Senator für Bau- und Wohnungswesen (ed.)/Zwoch, Felix: Idee, Prozeß, Ergebnis. Die Reparatur und Rekonstruktion der Stadt, Berlin 1984.

Senatsverwaltung für Bau- und Wohnungswesen (ed.): Stadt Haus Wohnung. Wohnungsbau der 90er Jahre in Berlin, Berlin 1995.

Senatsverwaltung für Stadtentwicklung, Umweltschutz und Technologie (ed.): Planwerk Innenstadt Berlin. Ein erster Entwurf, Berlin 1997.

Siedler, Wolf Jobst/Niggemeyer, Elisabeth: Die gemordete Stadt. Abgesang auf Putte und Straße, Platz und Baum, Berlin 1964.

Stimmann, Hans: Stadterneuerung in Ost-Berlin vom "sozialistischen Neuaufbau" zur "komplexen Rekonstruktion", Berlin 1985.

Stimmann, Hans (ed.): Die gezeichnete Stadt. Die Physiognomie der Berliner Innenstadt in Schwarz- und Parzellenplänen 1940–2010, Berlin 2002.

Urban, Florian: Berlin/DDR, neohistorisch. Geschichte aus Fertigteilen, Berlin 2007.

Volk, Waltraud: Berlin. Hauptstadt der DDR. Historische Plätze und Straßen heute, Berlin 1972.

Zohlen, Gerwin: Auf der Suche nach der verlorenen Stadt. Berliner Architektur am Ende des 20. Jahrhunderts, Berlin 2002.

40 Jahre Berlinische Boden-Gesellschaft, Berlin 1930.

Berlin Urban Design
A Brief History of a European City

The Deutsche Bibliothek lists this publication in the Deutsche Nationalbibliografie. Detailed bibliographic data is available on the internet at http://dnb.ddb.de

베를린 도시설계

유럽형 도시설계를 향한 역사적 증거

2014년 11월 5일 초판 인쇄
2014년 11월 10일 초판 발행

저자 Harald Bodenschatz
역자 박종기
발행인 조규백
발행처 도서출판 구민사
(150-034) 서울특별시 영등포구 문래로 187, 604(영등포동4가, 동서빌딩)
전화 (02) 701-7421(~2)
팩스 (02) 3273-9642
홈페이지 www.kuhminsa.co.kr

등록 제14-29호 (1980년 2월 4일)
ISBN 978-89-7074-978-5 93610

값 23,000원